Felix Auerbach

# Raum und Zeit, Marterie und Energie

*Eine Einführung in die Relativitässttheorie*

bremen
university
press

Felix Auerbach

**Raum und Zeit, Marterie und Energie**

Eine Einführung in die Relativitästtheorie

ISBN/EAN: 9783955622985

Auflage: 1

Erscheinungsjahr: 2013

Erscheinungsort: Bremen, Deutschland

bremen
university
press

Ordentliche Veröffentlichungen der „Pädago-
gischen Literatur-Gesellschaft Neue Bahnen"

# Raum und Zeit
# Materie und Energie

## eine Einführung in die Relativitätstheorie

von

### Felix Auerbach

in Jena

# 1

Als mich vor einem Jahrzehnt der Herausgeber einer bekannten Wochenschrift aufforderte, ihm einen Aufsatz über die Relativitätstheorie zu schreiben, begann ich meine Ausführungen ungefähr mit den Worten: „Das Abspringen von einem in Fahrt begriffenen Eisenbahnzuge ist verboten". Offenbar lehnt hiermit die Verwaltung die Verantwortung für jeden Schaden ab, der einerseits dem Abspringenden, andererseits den Außenstehenden entstehen kann. Nun war damals die Relativitätstheorie noch in voller Fahrt begriffen, und aus ihrer Popularisierung konnte leicht ein Schaden, sowohl für die Wissenschaft als für die Laienwelt entstehen. Tatsächlich ist dieser Schaden, mindestens der zweite, in hohem Maße eingetreten; es haben sich die phantastischsten Vorstellungen ausgebildet und zum Teil sogar festgesetzt. Heute liegen die Dinge wesentlich anders: der Zug ist, wenn auch nicht am Ziele, so doch am Endpunkte der Hauptstrecke angelangt, und die Anteilnahme des Publikums hat sich nicht vermindert, sie hat sich eher noch weiter gesteigert. Mir wenigstens ergeht es so, daß ich im Gasthaus, im Eisenbahnwagen und gar auf der Straße die, sei es schüchtern vorbereitete, sei es aus der Pistole geschossene Frage zu hören bekomme: Sie sind doch Physiker, da habe ich eine große Bitte an Sie", worauf ich unterbrechend sage: „Ich weiß schon, Sie wollen die Relativitätstheorie erklärt bekommen". Einige Male war ich auch schwach genug, das zu tun; aber, nachdem ich eingesehen habe, wie verkehrt das unter den geschilderten Umständen ist, bin ich standhaft geworden und beschränke mich auf drei Feststellungen.. „Erstens" — so sage ich — „werden Sie die Sache doch nicht verstehen, zweitens werden Sie sich, auch wenn sie sie halb und halb verstehen, nicht glücklich fühlen; und drittens wird die ganze Angelegenheit niemals und nirgends in Ihre Lebensverhältnisse eingreifen." Die rein praktisch Orientierten unter den Fragestellern atmen dann erleichtert auf, und es bleiben nur die übrig, die sich für „Weltanschauung" interessieren.

Nun ist ja der Begriff Laie sehr weit zu fassen. Es gibt da Personen, die nach der Art ihres Berufes jeder wissenschaftlichen Denk= weise fernstehen; es gibt Andre, die zwar Wissenschaft betreiben, aber nicht Naturwissenschaft, sondern Geisteswissenschaft, die mit gänzlich anderen Anschauungen und Methoden operiert; und wenn auch in letzter Instanz unser Problem durchaus geisteswissenschaftlichen Charakters ist, so wurzelt es doch in der naturwissenschaftlichen Anschauungs= und Ideenwelt, und in diese dringt der Geistesforscher — teils aus Fremdheit, teils aus Hochmut — nur schwer und ungern ein. Habe ich doch vor Jahren das folgende erlebt: ich saß als einziger Natur= forscher mit mehreren Philosophen zusammen, das Gespräch kam natürlich auf die damals noch junge Relativitätstheorie, und einer der Herren bemerkte: „Für Euch Physiker mag die Sache neu und überraschend sein, wir Philosophen haben das längst gewußt". Als ich ihm nun auf den Zahn fühlte, stellte sich heraus, daß er von dem springenden Punkte in der neuen Theorie, von ihrem Wesen und Sinn nicht die leiseste Ahnung hatte. Selbst die meisten Naturforscher und insonderheit die Biologen im weitesten Sinne müssen hier als Laien angesehen werden, weil ihnen das abgeht, was hier entscheidend ist: die geometrische Anschauungs= und die mathematische Denkweise.

Unter diesen Umständen wird nun der Leser dieser Blätter (und ich kann ihm das gar nicht verübeln) die Frage stellen: Nun, wenn Du so vornehm bist und solche Ansichten hast, warum redest Du dann zu uns? Halte doch den Mund und überlasse alles Weitere Anderen, die es besser mit uns meinen. Nun, offen gestanden, ich bilde mir ein, es gerade recht gut mit Euch zu meinen, und deshalb werde ich nicht den Mund halten; ich werde ihn freilich auch nicht aufreißen und Euch sofort die phantastischsten Dinge ins Ohr schreien, von denen Ihr nur betäubt werden würdet. Ich werde ganz ruhig und langsam einiges sagen und dann noch einiges; manches andere werde ich verschweigen und Euch bitten, mir da zu glauben, wo Ihr nicht in der Lage seid, unmittelbar zu begreifen. Und ich hoffe trotzdem, daß Ihr am Schluße sagen werdet: ich weiß jetzt, um was es sich handelt. Und wenn ich dieses Unternehmen mit einem vergleichsweise großen Vertrauen und Vergnügen auf mich lade, so ist dafür nicht eben der letzte Grund der, daß Ihr zu einem großen Teile Volksschullehrer seid, daß Ihr also der glücklichen Klasse angehört, die mit den Füßen im Volke stehen, dabei aber den Blick auf das Höhere und Höchste richten — nicht den dafür durchaus geschulten, sondern den naiven und freien Blick, mit dem man manches noch viel beßer erschaut, was der „Verstand der Verständigen" nicht sieht oder nicht sehen will.

## 2

Unter den unzähligen Ereignissen in der Geschichte des menschlichen Geisteslebens gibt es einige, die sich dadurch herausheben, daß sie in weiten Kreisen „Aufsehen erregen". Falsches Aufsehen und echtes. Das falsche gibt sich dadurch kund, daß es rasch abklingt, und daß die Angelegenheit bald in Vergessenheit gerät. Es läge nahe, gerade aus der Gegenwart hier Beispiele anzuführen. Nun, die Relativitätstheorie gehört n i c h t zu diesen Sensationen, sie wird n i c h t vergessen werden. Sie wird — und das ist ja das weitere Kennzeichen einer echten Entdeckung — derart zum eisernen Bestande der Wissenschaft gehören, daß man alles, was zu ihr gehört, für selbstverständlich erachten und sich schließlich wundern wird, daß man jahrhundertelang blind gewesen ist.

Welches sind nun die Gründe, die einer Entdeckung zu Aufsehen verhelfen? Es sind im wesentlichen drei. Erstens (um sozusagen von hinten anzufangen) die Wirkung der Entdeckung auf die Technik, also die Hervorrufung von Erfindungen. Das kann sich unmittelbar vollziehen, wie beim Telephon von Bell, oder ganz allmählich, wie bei den winzigen Fünkchen, durch die Hertz die elektrischen Wellen im Raume nachwies, und die sich dann zu der den Erdball umspannenden Funkentelegraphie auswuchsen. Für die Relativitätstheorie kommt dieses Moment nicht in Frage; denn in der nächsten Zeit wird sie ganz gewiß keine Erfindungen zur Folge haben; und ob sie überhaupt jemals ins praktische Leben der Menschheit unmittelbar eingreifen wird, erscheint vorläufig höchst zweifelhaft.

Zweitens erregt eine Entdeckung Aufsehen, wenn sie dem Menschen Neues vor Augen führt, natürlich stillschweigend vorausgesetzt, daß das Neue auch wirklich interessant ist. Das Fernrohr hat uns die Phase der Venus und die Ringe des Saturn enthüllt, und die Röntgenstrahlen haben uns in das Innere des menschlichen Körpers Einblick verschafft. Nun hat auch die Relativitätstheorie uns Phänomene nahe gebracht, die man früher nicht kannte oder nicht verstand; aber das sind Erscheinungen, die man nur in den intimsten Räumen des Laboratoriums beobachten oder mit den raffiniertesten astronomischen Methoden feststellen kann; für die große Masse der Menschheit kommen sie nicht in Betracht.

Bleibt also nur noch der dritte Grund übrig: die Umwälzung, die die Entdeckung in unserer Weltanschauung hervorruft. Diese Weltanschauung kann religiös oder philosophisch sein; früher war sie mehr jenes, jetzt ist sie mehr dieses. Die Theorie des Kopernikus, daß sich nicht die Sonne um die Erde, sondern die Erde um die Sonne drehe, rief einen begreiflichen Sturm hervor in einer Zeit, wo die ganze Menschheit ihre Weltanschauung auf der Bibel aufbaute; und die Kirche mußte einschreiten, wollte sie ihren Bau nicht in sich zusammenbrechen sehen. Übrigens hat sie sich unnötig aufgeregt; denn das kopernikanische System, das später von ihr selbst sanktioniert wurde, hat ihr nicht im geringsten geschadet. Ähnlich steht es mit dem Darwinismus: auch er wühlt das heiligste auf, die Idee der Weltschöpfung und der Erschaffung des Menschen; auch er fand in der Kirche den Sammelpunkt der Gegner, und auch hier hat sich mit der Zeit eine Beruhigung vollzogen, insofern die kirchliche Wissenschaft vieles von der Lehre gebilligt hat, während manches andere, was sie ablehnte, ohnehin als unhaltbar aufgegeben werden mußte. Von alledem kann in unserem Falle nicht die Rede sein. Es handelt sich hier zunächst einmal um die Erkenntnis, daß wir nichts absolutes, sondern nur relatives begreifen können, und das ist doch gewiß etwas, was der Glaubenslehre geradezu sympathisch sein muß. Und wenn unsere Lehre weiterhin die alte Auffassung von Raum und Zeit umstürzt und auf eine neue, breitere Basis stellt, so steht darüber weder in der Bibel noch sonst in den Büchern der Kirche irgend etwas, was dem entgegenstünde. Es kann sich also hier nur um eine philosophische Umwälzung handeln, um die neue Fassung der naturphilosophischen Grundbegriffe Raum und Zeit, Materie und Energie. Diese Grundbegriffe, insbesondere die von Raum und Zeit, hat sich der Physiker bisher von der Philosophie geborgt, er hat sie gutgläubig so übernommen, wie sie ihm vom Philosophen, namentlich von Kant, zur Verfügung gestellt wurden. Im Sinne des Naturforschers waren es freilich nur Rohstoffe, es fehlte der Zuschnitt; deutlicher gesprochen: der Philosoph überließ es dem Physiker, die Begriffe auf Einheiten zurückzuführen und exakt zu messen; und dieser Aufgabe hat sich die Physik aufs gewissenhafteste und bis ins feinste entledigt. Aber da zeigte sich nun etwas ganz unerwartetes: die physikalische Messung führte die philosophischen Begriffe ad absurdum, d. h. sie wies nach, daß sie an unlösbaren inneren Widersprüchen litten. Und so bleibt dem heutigen Physiker keine andere Wahl, als die Bildung der Begriffe selbst in die Hand zu nehmen. Kurz gesagt: der Physiker sieht sich genötigt, dem Philosophen, bei dem er bisher zur Miete wohnte, zu kündigen und sich ein eigenes Haus zu bauen.

## 3

Was ist denn nun eigentlich die Relativitätstheorie und was will sie? Da werden wir uns naturgemäß zunächst an den Namen halten und sagen: Sie stellt die Erkenntnis auf, daß wir Alles nur relativ zu erkennen vermögen, daß uns hingegen absolute Erkenntnis verschlossen ist. Das bezieht sich zunächst auf Raum und Zeit, dann aber auch auf Alles, was sich in ihnen herumtreibt und abspielt, also auf Bewegung, Materie, Energie usw. Da zeigt sich nun sofort die Kluft zwischen Philosophie und Physik. Der Philosoph wird sich mit Händen und Füßen dagegen sträuben, daß man ihm sein Reich so offensichtig und so wesentlich beschneide. Der Physiker ist nicht in diesem Maße erpicht auf die Größe seines Reiches, er sieht mehr auf die Sicherheit des Besitzes und lehnt die Herrschaft über Gebiete ab, die er nicht ordnungsgemäß verwalten kann. Der Physiker bescheidet sich also, und in diesem Sinne ist die neue Theorie eine Bescheidungs= oder Verzichttheorie. Das wäre nun freilich nur eine negative Tat, ein Rückzug; und wenn ein solcher auch, sobald ihn die Umstände gebieten, durchaus gelobt werden muß, so hinterläßt er doch das Ge= fühl der Mißstimmung. Es wäre schon gut, wenn wir eine Auffassung zustande brächten, die uns in dieser Lage zu trösten und aufzumuntern vermöchte. Und diese Auffassung brauchen wir gar nicht erst mühsam „zustandebringen" (was immer einen gewissen Verdacht erregen würde), sie liegt offen zutage. Der Physiker ist, wie gesagt, des Lehn= zustandes, in dem er sich der Philosophie gegenüber befindet, müde; er will sich auch hinsichtlich der Grundlagen seines Gebäudes unab= hängig machen, er will sich seinen eigenen Raum und seine eigene Zeit schaffen. Und dazu ist er geradezu gezwungen, wenn er sieht, daß ihn die entlehnten Begriffe zu Widersprüchen mit der Erfahrung führen; denn die Erfahrung ist und bleibt seine einzige Göttin. Er setzt sich nicht hin, schließt die Augen und gewinnt durch Nachdenken die Begriffe von Raum und Zeit; er sieht vielmehr mit offenen Augen zu, wie die Dinge sich abspielen. Er veranlaßt, wenn er selbst mehr Theoretiker ist, seinen experimentierenden Kollegen, möglichst viele Experimente anzustellen und ihm das Ergebnis mitzuteilen; und auf Grund dessen stellt er fest, was Raum und Zeit sind und was für Eigenschaften sie haben. Er kauft sich nicht einen fertigen Anzug, der dann an ihm herumschlottert; er schneidert ihn sich selbst und hat dann die Genugtuung, daß er ihm paßt. Vielleicht paßt er ihm nicht gleich das erstemal, denn er ist ja ein ungeübter Schneider; aber der zweite und der dritte wird immer vollkommener werden. Nun, die Physik hat sich drei solche Anzüge gebaut, einen klassischen, einen modernen und einen ganz modernen (von einem „allermodernsten", eben erst bekannt werdenden hier zu schweigen); und nunmehr ist sie in dieser Hinsicht am Ziele ihrer Wünsche.

Da haben wir also zwei ganz neue Begriffe: den physikalischen Raum und die physikalische Zeit oder, wie wir auch sagen können: den objektiven Raum und die objektive Zeit, im Gegensatz zu den subjektiven Begriffen des Philosophen. Und in diesem Sinne kann man die neue Theorie als Objektivierungstheorie von Raum und Zeit fassen. Ja, dieser Name wäre in mancher Hinsicht vorzuziehen, weil er etwas positives aussagt; weil er einen Schritt vorwärts darstellt, eine Verankerung der Grundbegriffe in das Netzwerk der Tatsachen. Es war doch bis jetzt ein recht merkwürdiger Zustand, daß der Physiker zwar alles übrige, Elastizität und Elektrizität, Schall und Licht, und was sonst noch alles, auf Grund seiner Erfahrungen definierte, die beiden Grundbegriffe aber, Raum und Zeit, gutgläubig hinnahm. Das soll jetzt aufhören, und damit wird die Physik erst so recht eine einheitliche und selbständige Wissenschaft. Raum und Zeit sind keine Phantome mehr, sie sind Eigenschaften der Dinge gerade wie ihre Farben oder ihre elektrischen Ladungen. Also: Objektivierungstheorie von Raum und Zeit.

Aber ein jedes Ding kann man von verschiedenen und (wenn es nicht gerade der Mond ist) sogar von entgegengesetzten Seiten betrachten; und so auch unser Problem. Der Objektivierung steht eine Subjektivierung gegenüber, in dem Sinne, daß wir wieder lernen müssen, naiv zu betrachten. Wir sind ja gräßlich verbildet, wir können nichts sehen, so wie wir es unmittelbar sehen, sondern immer so abgeändert oder ergänzt, wie wir es uns denken oder wie wir uns erinnern, es früher oft gesehen zu haben. Wir sehen nicht mit den leiblichen, sondern mit den geistigen Augen, wir fälschen die Farben, und so fälschen wir auch den Raum. Was sehen wir denn? Doch offenbar eine Fläche, also etwas Zweidimensionales, nämlich das nach außen verlegte Flächenbild, das auf unserer Netzhaut durch chemische Prozesse entstanden ist. Aber wir wissen, daß sich dieses Bild, je nachdem wir das eine oder andre Auge schließen, etwas anders ausnimmt, und daß es sich stark verändert, wenn wir selbst unseren Standpunkt verändern; und aus diesem Wissen bauen wir einen körperlichen, dreidimensionalen Raum auf, zunächst den perspektivischen, und dann weiter den objektiven, geometrischen, in dem alle Verhältnisse überall gleichmäßig und unabhängig von unserem Standpunkt nach Länge, Breite und Höhe geordnet sind. Unterstützt werden wir dabei durch den Tastsinn, der uns auf anderm Wege zu demselben Ergebnisse führt. Zu demselben, aber doch auch wieder zu einem anderen; denn Sehraum und Tastraum erweisen sich durchaus nicht als völlig identisch. Es treten da mancherlei interessante Fragen auf, z. B. die jetzt wieder lebhaft diskutierte nach der Gestalt des Himmelsgewölbes, auf die hier einzugehen nicht der Ort ist.

## 4

Bleiben wir vielmehr bei dem Raumbegriffe stehen, wie er sich im Laufe der Geistesgeschichte gebildet hat. Die naivste und älteste, aber freilich schon stark durch die unbewußte Denkarbeit beeinflußte Vorstellung ist die eines Gefäßes, einer Schachtel, in der sich die Dinge befinden und herumtreiben; also eine objektive Vorstellung. Dann kam der große Umschwung, die unerhörte Tat des großen Immanuel Kant, der dem Raum alles Reale nahm und ihn für die Form erklärte, in der wir die Dinge wahrnehmen. Es gibt also ein für uns freilich nicht erkennbares Ding an sich, das raumlos ist; und erst durch die Form, in der wir es wahrnehmen, wird es uns zugänglich. Erweitert wird diese Theorie durch die Hinzunahme der Zeit als der inneren Form unserer Anschauung; aber davon wollen wir, um möglichst einfach zu bleiben, vorläufig abfehen. In einem beſtimmten Augenblick ſind uns alſo die Dinge durch ihre räumliche Form gegeben. Der naheliegende Einwand, daß ſich uns die Dinge doch auch noch anderweitig kundgeben, durch Helligkeit und Farbe, durch Geruch und Druck und vieles andere, macht allerdings nachdenklich, ſoll uns aber hier gleichfalls nicht ſtören. Entſcheidend für Kants Theorie aber iſt der Zuſatz, daß uns dieſe Form der äußeren Anſchauung, daß uns der Raum angeboren iſt, daß wir ihn nehmen müſſen, wie er iſt, und daß wir außerſtande ſind, uns über ihn weitere Gedanken zu machen. Die Phyſiker nahmen die Kantiſche Faſſung des Raumbegriffes willig auf, weil ſie ihnen ſehr bequem war; aber ſehr bald zeigte ſich, daß man durch den Zuſatz der angeborenen und damit einzig möglichen Raumvorſtellung überaus beengt war. Deshalb gab man unter der Führung des großen Naturforſchers und Naturphiloſophen Helmholtz dieſe Einengung auf und erklärte den Raum zwar nach wie vor für die Form unſerer Anſchauung, aber für eine durch Erfahrung gewonnene. Wenn ſie aber durch Erfahrung, und ſei' dieſe noch ſo vielfältig und tauſendjährig, gewonnen iſt, ſo kann ſie durch eine neue Erfahrung abgeändert oder gar umgeſtoßen werden. Ja noch mehr, es kann gezeigt werden, daß dieſer Erfahrungsraum nur einer der vielen möglichen Denkräume iſt, über die man ſich durch Denkarbeit eine beſtimmte Vorſtellung zu bilden vermag.

Stellen wir uns, um dieſen Denkprozeß ſchrittweiſe und ſo durchzuführen, daß wir ſolange wie möglich anſchaulich bleiben, eine Welt von einfacher räumlicher Mannigfaltigkeit vor, alſo eine Linie, und auf dieſer Linie punktartige, aber intelligente Weſen! Dieſe kennen nichts weiter wie ihre lineare Welt, und von einem Orte dieſer Welt kann man ſich nur entweder nach rechts oder nach links bewegen. Aber ſolcher Welten gibt es für uns, die wir auf einer höheren Warte ſtehen, nicht eine einzige, ſondern unzählig viele. Erſtens die geradlinige, zweitens die Welt von der Form einer Kreislinie, drittens die Welt von der Form einer Eilinie uſw. Den Begriff einer geraden oder krummen Linie kennen jene Punktweſen offenbar gar nicht, sie kennen nur „die Linie", sie ist für sie „gerade", gleichviel, ob sie uns gerade oder krumm erscheint. Und sie würden gar nicht auf den Gedanken kommen, daß man von einem Ort zu einem andern auf verschiedenen Wegen gelangen könne, es gibt eben nur „den Weg". Aber ein ganz merkwürdiger Unterschied ist zwischen der geradlinigen und der kreislinigen Welt festzustellen: wenn man nämlich geradeaus geht, kommt man in der ersteren nie wieder in die Heimat zurück, wohl aber in der letzteren. Die geradlinige Welt ist unendlich, die kreisförmige ist endlich und doch unbegrenzt, sie ist in sich geschlossen. Und ein zweiter grundlegender Unterschied besteht zwischen der geraden und Kreiswelt einerseits und der Eilinienwelt andererseits. Wenn zwei Punktwesen mit immer gleicher Geschwindigkeit vorwärts schreiten, blei-

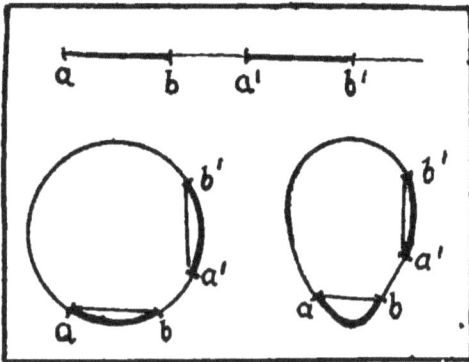

Abb. 1

ben sie nach ihrer Meinung in immer gleichem Abstande voneinander, und das gilt für alle drei Welten in ganz gleicher Weise. Für uns aber gilt das nur für die beiden ersten, für die Punktmenschen auf der geradlinigen ohne weiteres, für die auf der Kreislinie ebenfalls, gleichviel ob wir als Abstände die Bögen (wie die Punktmenschen es tun) oder die Sehnen wählen. Dagegen gilt das für die Eilinienmenschen nur für die Bögen, nicht aber für die uns höher organisierten Wesen zugänglichen Sehnen: denn bei gleicher Bogenlänge ist die Sehne an der Eispitze kleiner als an der flachen Rundung. Gerade das interessanteste Ergebnis ihrer Wanderung entgeht also den Eilinienwesen.

Gehen wir jetzt einen Schritt weiter, nämlich zur flächenhaften Welt, in der wir uns zweidimensionale Wesen, also eine Art von Schattenwesen, vorstellen wollen. Diese Wesen halten wiederum ihre Welt für die einzig mögliche; wir aber wissen, daß es eine ebene Welt, eine Kugelwelt, eine Eiwelt und noch viele andere gibt, und in jeder von ihnen gelten ganz andere Gesetze. In der Ebene gilt der berühmte Satz, daß sich parallele Linien niemals schneiden; laufen dagegen auf der Kugelfläche zwei Linien etwa von zwei Punkten des Äquators beide genau nach Norden, so treffen sie sich im Nordpol. Nun kann man allerdings diesem Falle einen anderen gegenüberstellen, wo sich die Parallelen nicht schneiden: wir nehmen einfach zwei, von Westen nach Osten um die Erde herumlaufende Parallelkreise. Das kommt offenbar daher, daß wir der Kugel einen Nordpol, aber keinen Ostpol zuerkannt haben; das Ergebnis hängt somit ganz von unserer Auffassung der Verhältnisse ab. In der Ebene gilt ferner der Satz, daß es zwischen zwei Punkten nur eine einzige kürzeste Linie, nämlich die gerade Linie, gibt; auf der Kugel gibt es keine einzige gerade Linie, aber beliebig viele kürzeste, näm= lich gleich kurze Verbindungslinien, z. B. zwischen den beiden Polen die sämtlichen Meridiane. In der Ebene ist die Winkelsumme eines Dreiecks immer zwei Rechte, auf der Kugelfläche kann sie bis zu vier Rechten anwachsen; z. B. ist sie gleich drei Rechten in dem Drei= eck, daß aus zwei aufeinander senkrechten Meridianen und dem da= zwischenliegenden Äquatorviertel gebildet wird. Endlich gilt auch hier der Gegensatz, daß die Ebene unendlich, die Kugelfläche aber endlich und doch unbegrenzt ist.

Bei aller Verschiedenheit haben indessen die ebene und die sphärische Welt etwas gemeinsames: die Krümmung ist überall dieselbe, und zwar desto kleiner, je größer die Kugel ist, am kleinsten, nämlich geradezu null, für die Ebene. Die überall gleiche Krüm= mung hat zur Folge, daß sich Linien oder Figuren, z. B. ein Dreieck, bei der Wanderung im Flächenraum immer ganz gleich bleiben. Bei der Eifläche ist dagegen die Krümmung an verschiedenen Stellen verschieden, an der Spitze am größten, in der Mantelmitte am kleinsten; und infolgedessen wird ein Dreieck, wie wir es von unserem erweiterten Standpunkte aus betrachten, seltsame Veränderungen erfahren. Alles in Allem: es gibt sehr verschiedene zweidimensionale Welten; um aber die Verschiedenheit der Gesetze in ihnen zu erfassen und zu verstehen, muß man entweder auf einem höheren, nämlich dreidimensionalen Standpunkte stehen, oder man muß, wenn man ein zweidimensionales, in einer dieser Welten lebendes Wesen ist, so intelligent sein, daß man sich mit seinem Denken über die Engigkeit der eigenen Welt zu erheben vermag; daß man durch Denken ersetzt, was die Anschauung versagt.

Nun steigen wir zur dreidimensionalen, also zu unserer Welt, auf. Jetzt sind wir, die wir bisher die Überlegenen waren, die Dummen. Wir halten unsere Welt für die einzig mögliche. Wir sagen: es gibt wohl sehr verschiedene zweidimensionale Welten, aber nur eine einzige dreidimensionale, eben die unsrige. Und wenn wir uns bei dieser These hinter den großen Kant verschanzen, so ist es noch sehr zweifelhaft, ob er damit einverstanden wäre. Jedenfalls brauchen wir uns nur ein vierdimensionales Wesen gedanklich vorzustellen, um einzusehen, wie weidlich dieses uns auslachen würde. Wem es also keinen Genuß bereitet, ausgelacht zu werden, der soll seinen Verstand ein wenig anstrengen und sich sagen: So gut, wie es eine ebene Fläche, eine Kugelfläche und eine Eifläche gibt, so gut gibt es auch einen „ebenen Raum“, einen „Kugelraum“ und einen „Eiraum“. Natürlich: anschauen kann ich diese Räume nicht, anschaulich ist für mich nur der eine Raum, der für mich in keine dieser Kategorien gehört, sondern der „Raum schlechthin“ ist; aber gedanklich vorstellen kann ich sie mir. Man kann doch ohnehin nicht alles anschauen, was man innerlich trotzdem begreifen kann. Übrigens kann man sich sogar bis zu einem gewissen Grade eine Anschauung von den Verhältnissen im sphärischen Raume verschaffen, indem man gewisse, seltsam konstruierte Gläser vor die Augen setzt, oder indem man sein eigenes Spiegelbild in einer jener, in Gärten aufgestellten

Glaskugeln betrachtet, während man sich dreht und biegt, nähert
und entfernt. Soviel aber sieht man auch schon durch bloßes Nachdenken ein: je nachdem unser Raum eben oder sphärisch ist, werden
(bei gleicher Grundlegung) ganz andere Gesetze in ihm gelten. Was
dort eine gerade Linie ist, ist hier eine krumme; was dort ins
unendliche verläuft, ist hier in sich geschlossen usw. Nach allem,
was uns die Astronomie und die Optik lehrt, und was hier nicht
wiedergegeben werden kann, haben wir allen Grund zu der Annahme, daß unser Raum beinahe, aber nicht völlig eben ist, daß er
eine außerordentlich kleine, aber sich doch in ungeheuren Räumen und
für seine Beobachtungsmittel bemerklich machende Krümmung besitzt.

Wie man sieht, wird der Raum auf diese Weise ein Gegenstand
naturwissenschaftlicher Forschung; man läßt ihn sich nicht mehr
als ein Geschenk, und zwar als ein Danaergeschenk, in den Schoß
fallen, man versucht ihn sich zu verdienen. Man zieht Alles heran,
was im Raum existiert und in ihm sich abspielt (und was wäre das
nicht?), um es bis auf die Nieren zu prüfen. Und da es der Naturforscher mit irdischen und himmlischen Bewegungen, mit optischen
und elektrischen Erscheinungen zu tun hat, so bietet sich hier ein
reiches Feld der Betätigung dar, von dem wir später der Reihe nach
einiges für unsere Zwecke wichtiges auslesen werden.

## 5

Vorerst aber müssen wir unsere Betrachtungen allgemeiner
Natur noch erweitern, um Gelegenheit zu finden, den anderen Grund-
begriff, die über dem Raum beinahe vergessene Zeit, in ihr Recht
einzusetzen.

Die Zeit ist nach Kant auch eine Form unserer Anschauung,
aber nicht äußeren, sondern inneren Charakters. Ich kann alle Sinne
ausschalten: Gesicht, Gehör, Tastsinn usw., und habe trotzdem das
Bewußtsein ablaufender Zeit. Freilich ist mit dieser Zeitempfindung
in irgendwie exakter Art nichts anzufangen. Bald „langweilt" sich
der Mensch, bald findet er es „kurzweilig; „die Zeit ist mir wie im

Fluge vergangen", fagt der Eine; und der Andre jammert nach einer
ſchlafloſen Nacht: „es wollte gar nicht Morgen werden". Unter
dieſen Umſtänden bleibt dem Naturforſcher gar nichts anderes übrig,
als auch zur Feſtlegung der Zeit aus ſeinem Inneren in die Außen=
welt hinauszutreten und die Zeit mit dem Raume in Beziehung
zu ſetzen. Man weiß, wie das geſchieht: durch den Begriff und das
Phänomen der Bewegung. Bewegung iſt Änderung des Ortes im
Raume mit der Zeit; es gibt geradlinige und krummlinige, gleich=
förmige und ungleichförmige Bewegung. Um ein Zeitmaß zu er=
halten, wie es das Zentimeter für die Raumſtrecke iſt, muß man ſich
an irgendeine Bewegung halten, von der man annehmen darf,
daß ſie ſich in immer genau gleicher Weiſe abſpielt; eine ſolche Be=
wegung iſt die Drehung der Erde um ihre Achſe. So gelangt man zur
Zeiteinheit des Tages und durch Teilbildung zu der viel kleineren,
aber brauchbareren Sekunde. Zentimeter und Sekunde ſind alſo
die Maßeinheiten für Raum und Zeit.

Sind denn nun aber dieſe beiden Begriffe wirklich ſo ganz weſens=
verſchieden? Schon die Ableitung der Zeiteinheit aus einer räum=
lichen Bewegung iſt geeignet, uns in dieſer Hinſicht mißtrauiſch zu
machen. Um jedoch ernſthaft in das Weſen dieſes Verhältniſſes ein=
zudringen, müſſen wir eine beſondere Betrachtung anſtellen; und
dabei bedienen wir uns wieder der Methode des Analogieſchluſſes
von niederen auf höhere Verhältniſſe, wie wir ſie ſchon bei der Be=
trachtung der ein=, zwei= und dreidimenſionalen Welten mit Erfolg
benutzt haben.

Stellen wir uns Schattenweſen, aber mit Verſtand begabt wie
wir Menſchen, in einer zweidimenſionalen, ebenen Welt vor; und
dieſe Ebene möge ſich gleichmäßig durch unſere dreidimenſionale
Welt hindurchbewegen[1]). Von dieſer Bewegung nehmen die Schatten=
weſen natürlich nicht das geringſte wahr; für ſie iſt ja die Ebene, in
der ſie leben, die ganze Welt. Nun ſoll dieſe Ebene bei ihrem Vor=

---

[1]) In der Figur iſt dieſe Ebene, die auf der Papierebene ſenkrecht
ſteht, nur als Linie zu ſehen.

ſchreiten auf eine in unſerem dreidimenſionalen Raume belegene, auf ihr ſenkrechte gerade Linie ſtoßen. In einem beſtimmten Augenblicke nehmen dann jene Weſen einen Punkt wahr, der vorher nicht da war, er bleibt eine Zeitlang beſtehen und verſchwindet ſchließlich ebenſo geheimnisvoll wie er aufgetaucht war. Die Schattenweſen erklären alsdann: eine beſtimmte Zeit hindurch (ſagen wir, eine Sekunde lang) iſt ein Punkt erſchienen; wir dagegen ſagen: das Gebilde iſt immer da, aber es iſt kein Punkt, ſondern eine Linie. Jene ſprechen von einer Zeitdauer, wir von einer Raumſtrecke. Noch deutlicher vielleicht wird uns die Verſchiedenheit der Auffaſſung, wenn wir eine ſchräge Linie nehmen. Die Schattenweſen ſehen dann plötzlich einen Punkt auftauchen, ſie ſehen, wie ſich dieſer Punkt in ihrer Welt bewegt, wie er nacheinander verſchiedene Lagen einnimmt und zuletzt verſchwindet. Was alſo für uns eine ſchräge Strecke, ein Nebeneinander von

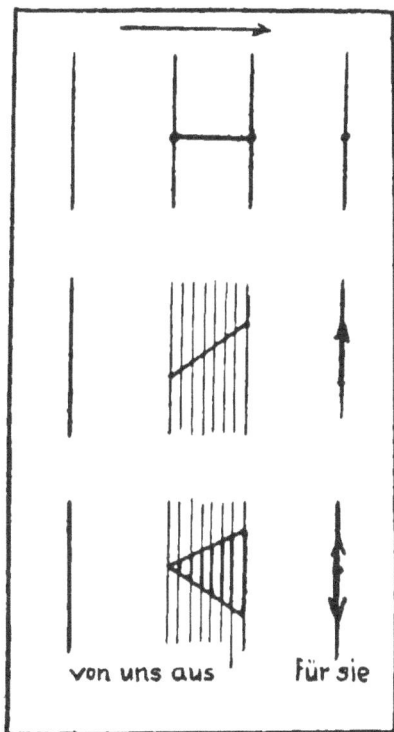

von uns aus    für ſie

Abb. 2—4

Punkten, iſt für ſie eine Bewegung, ein Nacheinander von Punkten. Oder nehmen wir drittens ein Dreieck mit der Spitze voran! Die Schattenweſen ſehen zunächſt einen Punkt, aber dieſer Punkt wächſt ſich zu einer immer länger werdenden Linie aus. Was für uns „Verbreiterung im Raume" iſt, iſt für jene ein „Wachſen mit der Zeit".

Und nun der Analogieschluß auf uns selbst! Jetzt müssen wir die Rolle der Beschränkten übernehmen gegenüber einem Wesen höherer Art, das in einer vierdimensionalen Welt lebt. Auch wir sprechen vom Auftauchen von Dingen, von ihrer Bewegung, von ihrem Wachsen. Das vierdimensionale Wesen aber würde in allen diesen Fällen von einem Nebeneinander, von einer Gleichzeitigkeit sprechen und uns bemitleiden, daß wir für diese Mannigfaltigkeit des Nebeneinander, die sich im vierdimensionalen Raume abspielt, keine Anschauung haben. Da haben wir also das anschauliche Wesen der Zeit: sie ist die vierte Raumdimension für die Vorstellung solcher Wesen, die dafür keine räumliche Anschauung mehr aufzubringen vermögen; und diese Wesen sind wir selbst. Sagt doch schon Dante von der Gottheit, daß sie Alles, was wir nacheinander wahrnehmen, mit einem Blicke überschaue.

„O teurer Baum, der du so hoch gediehst,
Daß — wie wir Sterblichen am Dreieck sehen,
Daß es zwei stumpfe Winkel nie umschließt —
Du die zufäll'gen Ding', eh sie geschehen,
Erkennen magst, von jenem Licht erhellt,
Vor dem wie Gegenwart die Zeiten stehen."

„Der Lauf der Dinge, der nicht Raum und Zeit,
Das Buch der Elemente, überschreitet,
Steht ganz vor Gottes Aug' abkonterfeit."

Unsere dreidimensionale Welt wandert durch eine höhere, vierdimensionale hindurch, und die räumlichen Mannigfaltigkeiten, die sich dabei ergeben, nennen wir zeitliche Erscheinungen. Raum und Zeit sind nichts Wesensverschiedenes, sie sind die vier Mannigfaltigkeiten, die vier Dimensionen der Welt.

Wenn wir nun versuchen, diese vierdimensionale Welt zu zeichnen, so scheitern wir natürlich an der Beschränktheit unserer anschaulichen Organisation. Den dreidimensionalen Raum können wir bekanntlich durch sogenannte Koordinaten kennzeichnen, d. h. wir wählen

irgendeinen Raumpunkt als Nullpunkt, von dem aus wir die Strecken
rechnen, und legen durch ihn drei aufeinander senkrechte Linien, die
Koordinatenachsen, die erste, die X-Achse, nach rechts (und links),
die zweite, die Y-Achse, nach hinten (und vorn), die dritte, die Z-Achse,
nach oben (und unten). Auf dem Papier kann man das nur perspektivisch machen, indem man sich etwa die Papierebene als die
senkrechte X-Z-Ebene denkt, diese etwas schräg von der Seite betrachtet und so die Y-Achse in perspektivischer Verkürzung erhält.

Irgendein Punkt des Rau-
mes ist dann durch seine
Koordinaten x, y, z in
diesem „Bezugssystem" ge-
kennzeichnet, d. h. er liegt
um x cm nach rechts, um
y nach hinten und um z
nach oben. In einem an-
deren Bezugssystem hat er
offenbar andere Koordi-
naten, der Ort ist ein relativer Begriff und durch-
aus vom Bezugssystem ab-
hängig. Dagegen sieht man
sofort ein, daß die Ent-

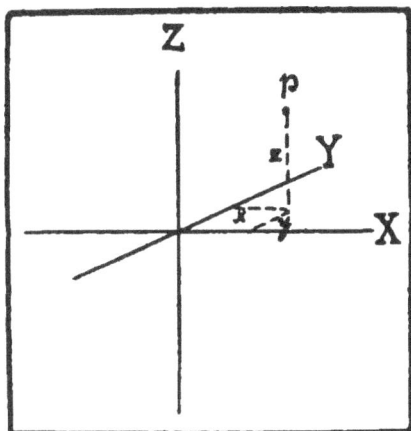

Abb. 5

fernung zweier Punkte voneinander dieselbe bleibt, wenn man das
eine Bezugssystem durch ein anderes, gegen jenes verschobene oder
verdrehte, ersetzt; die Koordinaten des einen Punktes ändern sich
dann genau um ebensoviel wie die des anderen; die Entfernung,
überhaupt eine Strecke, ist also vom Bezugssystem unabhängig, sie
ist, wie man sagt, beim Übergange von einem Bezugssystem zu einem
anderen der gedachten Art, eine Invariante.

Soweit der dreidimensionale Raum. Nun aber soll eine vierte
Achse, die Zeitachse oder T-Achse, hinzugefügt werden; aber wohin
in aller Welt soll ich sie denn ziehen, da doch alles vergeben ist?

Nun, in meiner Anschauungswelt kann ich sie tatsächlich nicht unter=
bringen; ich muß mich auf meinen abstrakten Verstand zurückziehen
und dort die Angelegenheit rein gedanklich erledigen, was nach
einiger Übung ganz gut geht. Es gibt aber noch ein anderes Aus=
kunftsmittel; und obgleich es nicht entfernt dieselbe Allgemeinheit
hat wie jenes, wollen wir uns doch seiner bedienen, da es für unsere
Zwecke völlig ausreicht. Was uns interessiert, ist doch die Einord=
nung der Zeit in den Raum. Aber dazu brauchen wir doch nicht gleich
den allgemeinsten, den dreidimensionalen Raum zu nehmen, es
genügt der zwei= oder gar der eindimensionale Raum; und dann haben

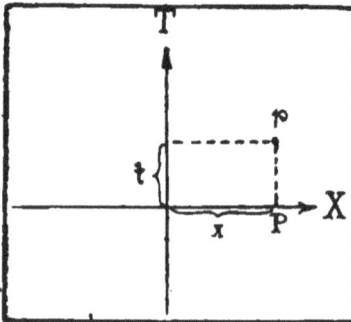
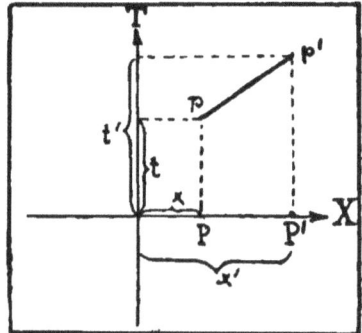

Abb. 6                    Abb. 7

wir offenbar die Möglichkeit, mit drei Achsen oder gar mit zweien
auszukommen, können also im ersteren Falle eine perspektivische
und im letzteren sogar eine vollkommene, auf die Papierebene be=
schränkte Zeichnung entwerfen. Nehmen wir der Einfachheit halber
diesen letzteren Fall, so haben wir also vom Nullpunkte aus zwei
aufeinander senkrechte Achsen zu ziehen, die Ortsachse X der x nach
rechts und die Zeitachse T der t nach oben. Irgendein Punkt in der
Ebene, z. B. p, ist dann nicht etwa in Wahrheit ein Punkt dieser Ebene,
da es doch nur eine Linie gibt, er stellt vielmehr den Punkt P dieser
linearen Welt dar, aber er stellt ihn dar in einem bestimmten Zeit=
punkte t: x und t sind seine Raum=Zeit=Koordinaten. Verschiedene

Punkte zu gleicher Zeit liegen sämtlich auf einer horizontalen, derselbe Punkt zu verschiedenen Zeiten liegt immer auf derselben vertikalen Geraden. Betrachten wir endlich zwei beliebige Punkte zu verschiedenen Zeiten, z. B. p und p', und verbinden sie, so stellt die so gewonnene schräge Linie nicht in Wahrheit eine solche dar, sondern eine Bewegung auf der X-Achse, von P bis P', und zwar derart, daß P die Lage zurzeit t, P' die Lage zurzeit t' ist. Es gibt ja in der Praxis eine sehr verbreitete Methode, die graphische Darstellung, die in dieser Weise verfährt; für uns aber handelt es sich nicht um etwas praktisches, sondern um die sinnbildliche Darstellung einer neuen, erkenntnistheoretischen Auffassung, nämlich der Gleichartigkeit von Raum und Zeit.

Aber einen Haken hat die ganze Sache doch noch; und einen so bedeutsamen, daß wir uns wohl oder übel daran aufhängen müssen, wenn wir keinen Ausweg finden. Auf der Raumachse messen wir Strecken in Zentimetern, auf der Zeitachse in Sekunden, also auf beiden in ganz verschiedenem Maße, und zwischen diesen Maßen besteht gar keine Brücke. Das geht doch auf keinen Fall; das würde fortwährend zu den größten Unstimmigkeiten führen, gerade wie wenn wir im Wirtschaftsleben zwei verschiedene, voneinander unabhängige Münzeinheiten hätten. In der heutigen Zeit, wo beinahe jeder Mensch etwas von „Valuta" weiß, braucht man das ja nicht erst langatmig auseinanderzusetzen. Wir müssen eben auch Raum und Zeit in ein deutliches und festes Valutaverhältnis zueinander bringen. Aber bei dem Versuche, das zu tun, sind und bleiben wir ratlos. Denn, wenn wir nicht nur Strecken, sondern auch Zeiten in Zentimetern messen wollen, so müssen wir doch von der Verknüpfung ausgehen, die zwischen Strecke und Zeit besteht, und das ist offenbar das, was man die Geschwindigkeit der Bewegung nennt, d. h. die Strecke, die unser Punkt in einer Sekunde zurücklegt, ausgedrückt in Zentimetern. Aber welche Geschwindigkeit kommt hier in Frage? Jeder Punkt hat doch in dieser Welt der Mannigfaltigkeiten eine andere Geschwindigkeit; und wenn die früher betrachteten Schattenwesen in der Flächenwelt so intelligent sind, daß sie eine Streckentheorie der Zeit ausbilden, daß sie also das Nacheinander von Punkten, das sie beim Durchkreuzen einer schrägen Linie wahrnehmen, in ein Nebeneinander von Punkten umzuwandeln wünschen, so sind sie doch über das Umwandlungsverhältnis völlig ratlos; einfach deshalb, weil sie von ihrer Bewegung durch den dreidimensionalen Raum gar nichts wissen; und gerade von der Geschwindigkeit dieser Bewegung hängt doch die Umrechnung ab. Aber auch wenn wir ihnen von unserem freieren Standpunkte aus helfen, kommen wir doch nicht zum Ziel; denn die Umrechnung bleibt immer abhängig davon, erstens wie schnell sich die Schattenebene bewegt und zweitens wie schräg die Linie ist. Zu einem einheitlichen Umrechnungssatze gelangen wir also auf diese Weise sicherlich nicht. Wir können das Problem nur lösen, wenn es uns gelingt, eine Geschwindigkeit ausfindig zu machen, die eine allgemeine, alles Geschehen in der Welt umspannende Bedeutung hat; wenn wir eine Bewegung angeben können, die unter allen Umständen dieselbe Geschwindigkeit hat, und zugleich eine, die geeignet ist, bei allen Vorgängen in der Welt als Universalmaß zu dienen. In der groben Welt der Materie gibt es eine solche Bewegung, eine solche Geschwindigkeit nicht; und deshalb kann die Relativitätstheorie, in dem Sinne der Vereinheitlichung von Raum und Zeit, auf mechanischem Wege nicht zum Endziele gelangen. Wohl aber gibt es in der feineren, ätherischen Welt eine solche Geschwindigkeit: die Geschwindigkeit des Lichts; und erst durch deren Einführung können wir unserer Theorie festen Halt und allgemeine Bedeutung verleihen. Wie das zu verstehen ist, wird freilich erst später klar werden.

## 6

Wir sind nämlich mit unseren letzten Betrachtungen, die dieserhalb auch nur vorläufige sein sollen, rascher vorangeeilt, als wir vielleicht hätten tun sollen. Wir kehren also noch einmal um und bleiben an der Stelle unseres Weges stehen, wo sich unser Problem in seiner einfachsten Form auftut. Es ist das, historisch gesprochen, die Stelle, wo nach dem Wiedererwachen der Naturwissenschaft sich die ungeheure geistige Umwälzung vollzog, die mit den leuchtenden Namen eines Kopernikus, Galilei und Newton verknüpft ist; jeder von ihnen ein großer Vertreter des Jahrhunderts, in dem er geboren war, des fünfzehnten, sechzehnten und siebzehnten.

Beginnen wir mit Kopernikus! Zu seiner Zeit herrschte allgemein und seit anderthalb Jahrtausenden unbestritten das ptolemäische Weltsystem. Nach ihm ist die Erde der Mittelpunkt der Welt, um sie herum drehen sich der Reihe nach der Mond, Merkur und Venus, dann die Sonne, die äußeren Planeten und schließlich das ganze Heer der Fixsterne. Dabei ist die Bewegung von Mond und Sonne im großen ganzen gleichförmig, und sie erfolgt stets in derselben, uns wohlbekannten Richtung. Die anderen „Planeten" dagegen halten zuweilen in ihrer rechtläufigen Bewegung kurze Zeit inne, werden rückläufig, beschreiben schleifenartige Bahnen und setzen dann erst wieder ihre normale Bahn fort. Man konnte das, etwas künstlich, aber bis in die Einzelheiten genau, dadurch erklären, daß man annahm, sie drehten sich nicht bloß in einem ihrer Jahre um die Erde, sondern außerdem noch im Laufe eines Erdjahres auf einem kleineren Kreise um einen gedachten Punkt, also etwa, wie wenn man auf dem Rande eines großen Rades ein kleines Rad rollen läßt. Es entstehen dann wirklich zu Zeiten jene Bahnschleifen, und zwar bei den uns näheren Planeten nur eine oder zwei, bei den ferneren aber viele während eines ganzen Umlaufes. Man nennt die kleinen Kreise Epizyklen und die ganze Bahn eine Epizykloide.

Kopernikus kehrte nun den Spieß um und erklärte: nicht alle übrigen Körper drehen sich um die stillstehende Erde, sondern die Erde dreht sich (in einem Tage) um ihre Achse und außerdem (in einem Jahre) um die Sonne, die ihrerseits stillsteht. Für das Bewegungsverhältnis zwischen Erde und Sonne macht das offenbar gar keinen Unterschied, von uns aus gesehen muß auch nach dieser Auffassung die Sonne auf= und untergehen; aber wir erheben uns damit auf einen höheren, kosmischen Standpunkt und sehen uns eben

die Bewegung nicht von der Erde, sondern von der Sonne aus an.
Der Mond dreht sich auch jetzt noch um die Erde, aber nicht in dem
Tempo, in dem er von uns aus gesehen am Himmel läuft, sondern
nur mit den Differenzen, die sich von Tag zu Tag ergeben, und die
bekanntlich etwas weniger als eine Stunde ausmachen. Die Planeten aber müssen, obgleich sie sich gleichförmig in Kreisen um die
Sonne drehen, doch, von der Erde aus gesehen, Schleifen beschreiben,
weil sich ja die Erde, also der Beobachtungsort, ihrerseits um die
Sonne dreht und bald hinter dem Planeten zurückbleibt, bald ihm
voraneilt, so daß kritische Übergangszeiten entstehen.

Was ist nun der Unterschied zwischen den beiden Weltsystemen?
Offenbar ein doppelter. Erstens ist die kopernikanische Auffassung
die einfachere, sie erfordert keine Epizykloiden, sondern nur Kreise;
und da es die Aufgabe der Naturwissenschaft ist, die Erscheinungen
so einfach, wie es mit der Vollständigkeit verträglich ist, darzustellen,
ist das kopernikanische System dem ptolemäischen vorzuziehen.
Zweitens ist die neue Theorie objektiver, sie ist weniger anspruchs-
voll. Die alte Theorie setzte als selbstverständlich voraus, daß der
Mensch der Mittelpunkt aller Dinge und folglich sein Wohnsitz, die
Erde, der Mittelpunkt des Weltalls sei. Die Erde thront majestätisch
in der Mitte, alles andere dreht sich um sie; die Erde pfeift und die
Sterne müssen tanzen. Daß die Sterne selbst Weltkörper sind, und
größtenteils viel mächtigere als die Erde, und daß es ihnen doch
überaus schwer fallen müßte, mit so rasender Eile sich herumzu-
schwingen, das alles lag damals außerhalb des Gedankenkreises der
Menschen. Was aber innerhalb, ja im Zentrum dieses Gedankenkreises lag, war der auf die Bibel aufgebaute Glaube; und da ihm die
neue Lehre widersprach, mußte noch ein Jahrhundert später der greise
Galilei, der hervorragendste Kämpfer für die Lehre, wenigstens nach
außen hin widerrufen.

Trotz alledem ist es ganz verkehrt, die beiden Weltsysteme,
wie es zu Hunderten von Malen in Büchern und Reden geschehen
ist, in ihrer Beziehung zueinander dadurch zu kennzeichnen, daß man

sagt: das ptolemäische System ist falsch, das kopernikanische ist richtig. Jedes von beiden ist richtig, insofern es die beobachteten Erscheinungen einheitlich zusammenfaßt; aber jedes von beiden hat nur relativen Sinn, und keines von beiden sagt etwas absolutes aus. Erde und Sonne bewegen sich relativ zueinander, und es kommt ganz auf den Standpunkt, den man einnimmt, an, zu welcher Auffassung man gelangt. Altertum und Mittelalter stellten sich auf den naiven, d. h. irdischen Standpunkt, richtiger gesagt, sie blieben da, wo sie physisch waren, auch geistig; und von der Erde aus gesehen dreht sich eben die Sonne um die Erde, sie geht wirklich auf und unter, während man andererseits von der Drehung der Erde an sich nicht das mindeste merkt. Seit Kopernikus haben wir für diese Frage, aber auch nur für diese, die Sonne als geistiges Domizil gewählt, und von dort aus sehen wir, wie die Erde sich um ihre Achse dreht, während wir mit der Sonne im Raume ruhen. Das kopernikanische System, seines absoluten Gewandes entkleidet, stellt die erste Relativierung unserer Vorstellung von den Erscheinungen im Weltall dar; es nimmt der Erde ihre bis dahin bevorzugte Stellung; und wenn es die Sonne als Zentrum wählt, geschieht das nur deshalb, weil die Sonne der mächtigere Körper ist, und weil, auf ihn bezogen, die Gesamtheit der Himmelserscheinungen wesentlich einfachere Formen annimmt.

## 7

Was ist denn überhaupt absolut und was ist relativ? Gibt es einen absoluten Ort? Eine absolute Zeit? Eine absolute Bewegung? Stellen wir uns den unendlichen, aber völlig leeren Raum vor und in ihm einen Punkt. Wo liegt dieser Punkt? Er hat offenbar überhaupt keine Lage, ich kann mit demselben Rechte annehmen, er liege in der Mitte, wie, er liege abseits von der Mitte; in jedem Falle erstreckt sich ja von ihm aus der Raum nach allen Richtungen ins Unendliche. Denke ich mir jetzt einen zweiten Punkt, so wird die Sache schon ganz anders; ich kann auch für ihn nichts absolutes über seine Lage aussagen, aber ich kann (nach Festlegung eines Maßsystems und auf Grund von Maßstab-Übertragung) sagen, wo er relativ zum ersten liegt; und wir brauchen ja hier nur schon früher besprochenes zu wiederholen. Wenn ich den ersten Punkt als Nullpunkt eines Koordinatensystems wähle, kann ich sagen: der zweite Punkt liegt um x rechts, um y hinter und um z über dem ersten; x, y, z sind dann die Koordinaten des zweiten Punktes bezogen auf den ersten. Der Ort ist also durchaus relativ.

Und daß es mit der Zeit ebenso steht, braucht nicht erst ausführlich erörtert zu werden. Weiß doch Jedermann, daß eine Zeitangabe nur einen Sinn hat, wenn hinzugefügt wird, von welchem Nullpunkte sie zu verstehen ist, also „nach Erschaffung der Welt" (wenn man nur wüßte, wann dieses wichtige Ereignis stattgefunden hat), oder „nach Christi Geburt", oder, um auch ein ganz spezielles Beispiel zu nehmen, eine Stunde nach Beginn des Experimentes, mit dem ich eben beschäftigt bin. Auch die Zeit ist ihrem Wesen nach relativ; deutlicher gesagt: Ein Zeitpunkt hat nur einen Sinn bezogen auf einen anderen als Nullpunkt der Zeit gewählten Punkt.

Wenn aber beides der Fall ist, wenn Raum- und Zeitstrecken relativ zu fassen sind, so folgt automatisch, daß auch der aus beiden abgeleitete und zusammengesetzte Begriff der Bewegung nur relative Bedeutung hat. Ein Körper bewegt sich, d. h. er ändert seinen Ort im Raume mit der Zeit; aber wir wissen ja schon, daß es einen Ort im Raume nur gibt in Beziehung zu einem bestimmten anderen Körper, sei es nun ein formaler Körper, wie ein Achsenkreuz, sei es ein wirklicher „von Fleisch und Blut". Und zwar gilt das in gleicher Weise von jeder Bewegung, welchen Charakters sie auch sein möge. In dieser Hinsicht sind nun freilich entscheidende Unterschiede offensichtig, und zwar, insoweit uns das hier interessiert, zwei zum Teil nebeneinander herlaufende, zum Teil miteinander verschlungene Gegensätze. Erstens der zwischen der geradlinigen und der krummlinigen Bewegung; jene kann man als eine Verschiebung, diese als eine Drehung bezeichnen; insbesondere sind als Typen zu bezeichnen einerseits die andauernd geradlinige Verschiebung oder Translation,

anbererseits bie anbauernb kreisförmige Drehung ober Rotation.
Zweitens ber Gegensatz zwischen gleichförmiger und ungleichförmiger
Bewegung, jene baburch charakterisiert, baß in gleichen Zeiten immer
gleiche Strecken zurückgelegt werben; biese baburch, baß in jeber
folgenben Sekunbe mehr ober weniger Weg zurückgelegt wirb als
in ber vorangegangenen, womit man bann bie Typen ber beschleunigten unb ber verzögerten Bewegung erhält.   Translation unb
Rotation können beibe gleichförmig ober ungleichförmig sein; in
einem gewissen höheren Sinne ist aber schließlich nur bie Translation gleichförmig, insofern bei ihr beibes, Geschwindigkeit unb Richtung, gleich bleiben, während bei ber gleichförmigen Rotation zwar
bie Geschwindigkeit gleich bleibt, bie Richtung aber sich fortwährenb
änbert.  In biesem Sinne sinb bie beiben großen unb grunbsätzlichen
(wenn auch an Häufigkeit bes Vorkommens sehr ungleichen) Typen
ber Bewegung bie folgenben: erstens bie gerablinig-gleichförmige
unb zweitens alle übrigen, also sowohl bie gerablinig-ungleichförmige
wie bie gleichförmig-krummlinige wie enblich bie ungleichförmig-
krummlinige.  Es ist bas für uns wichtig, weil auf bie erste Art von
Bewegungen von Bezugssystemen sich bas spezielle, auf alle übrigen
bas allgemeine Relativitätsprinzip bezieht.

Daß es keine absolute Bewegung gibt, folgt zwar rein formal
baraus, baß es weber absoluten Ort noch absolute Zeit gibt; aber
es muß boch immer wieber betont unb möglichst einbringlich erläutert
werben; benn bie Einsicht in biese These erforbert boch immerhin
größere Anstrengung bes Denkens als jene.  Daß ein Punkt im leeren
Raume, keinen befinierbaren Ort hat, ist leicht einzusehen.  Wenn
er nun eine Bewegung ausführt, so kommt er bamit von einem
Orte zu einem anberen; aber biese beiben Orte unterscheiben sich,
wenn man von ihrer zeitlichen Verknüpfung absieht, gar nicht; bie
Bewegung hat gar keinen Effekt, vorher war irgenbwo in ber leeren
Welt ein Punkt, unb jetzt ist ebenfalls irgenbwo in ber Welt ein
Punkt.  Bewegung im leeren Raume hat also überhaupt keinen
Sinn; unb wenn man konsequent benkt, muß man sagen: es gibt

gar keine Bewegung im leeren Raume — eine Behauptung, die ebenso zwingend wie ungefährlich ist, weil man durch die Erfahrung jedenfalls nicht widerlegt werden kann. Denn in der wirklichen Welt ist immer noch etwas anderes da, außer dem Punkt oder Körper, den wir betrachten; und damit kehren wir in diese Welt der Wirklichkeit zurück.

Betrachten wir nun einen auf freier, gerader Strecke gleichförmig dahinfahrenden Eisenbahnzug, in dem wir selbst sitzen. Wir sagen: er bewegt sich, und wir mit ihm. Aber wenn wir alles ausschalten, was verräterisch tätig ist, wenn wir also annehmen, daß der Zug ideal gebaut sei, so daß er nicht das mindeste Geräusch verursacht, und wenn wir die Fenster des Abteils verhüllen, so können wir von der Tatsache, daß wir uns bewegen, absolut nichts bemerken. Und auch wenn wir das Knarren und Rattern wieder zulassen, so beweist das noch gar nichts für die Bewegung; denn es könnte doch auch davon herrühren, daß sich der Erdboden unter unserem, seinerseits stillstehenden Zuge nach hinten bewegt; nur ist uns dieser Gedanke zu lächerlich, als daß wir ihn spontan faßten oder gar näher verfolgten. Und wenn wir jetzt die Vorhänge wieder lüften und hinausschauen, so beweist das auch nichts; im Gegenteil, unser naives Empfinden sagt: die Landschaft fliegt an uns vorüber. Nur meldet sich im nächsten Augenblick der kühle Verstand und erklärt seinerseits: Unsinn, das sieht nur so aus, die Landschaft kann sich doch nicht bewegen, also wirst Du es wohl sein, und mit Dir der ganze Zug, der sich bewegt. Aus diesen Widersprüchen kommen wir am besten heraus, wenn wir uns vorsichtiger ausdrücken und sagen: der Zug bewegt sich relativ zur Erde. Und um die Lächerlichkeit, daß die Landschaft vorübersausen solle, loszuwerden, denken wir uns mit unserem Zuge in der Bahnhofshalle stehend, der Abfahrt gewärtig, und zwar fahrplanmäßig vor dem Zuge, der auf dem Nachbargeleise steht. Und richtig, eines schönen Moments setzen wir uns in Bewegung und fahren an dem stillstehenden Nachbarzuge entlang. Aber was ist denn das? Der Nachbarzug ist uns jetzt vollständig entschwunden, aber dafür ist das Stationsgebäude, das er verdeckte, sichtbar geworden, und zwar nach wie vor uns gegenüber. Wir sind offenbar noch an der alten Stelle; und jetzt erst wird uns klar, daß nicht unser, sondern der Nachbarzug abgefahren ist, und zwar in entgegengesetzter Richtung; er hatte normale Abfahrtszeit, wir dagegen mußten offenbar noch auf einen Anschlußzug warten. Was können wir nun von unserem Zuge aussagen? Er ist relativ zur Erde in Ruhe verblieben, dagegen hat er sich relativ zum Nachbarzuge bewegt. Eine der schönsten derartigen „Täuschungen" kann man beobachten, wenn man auf einer Brücke steht und das rasch, aber gleichmäßig dahinströmende Wasser beobachtet, so zwar, daß man von der Uferlandschaft nichts (auch nicht im indirekten Sehen) wahrnimmt; es tritt dann sehr bald der Moment ein, wo man ganz bestimmt glaubt, mit der Brücke stromaufwärts über das ruhende Wasser hinweg zu gleiten; und erst, wenn man sich nun nach der Uferlandschaft umschaut, wird man des Irrtums inne.

Nehmen wir ferner einen Fall aus dem praktischen Leben, bei dem es also lediglich auf den Erfolg ankommt. Wir wollen Holz sägen. Das kann auf zweierlei Weise geschehen, entweder, indem man das Holz festlegt und die Säge hin und her bewegt, oder umgekehrt, indem man die Säge fest einspannt und das Holz hin und her bewegt; das Ergebnis ist beidemal das gleiche: das Holz wird zersägt. Es kommt eben offenbar gar nicht auf die absolute, sondern nur auf die relative Bewegung der beiden Körper zueinander an; und durch die Form, die man den Körpern gibt und durch das Material, das man für sie wählt, wird erreicht, daß immer das Holz und niemals die Säge zersägt wird.

Endlich noch ein Beispiel, das uns erkennen läßt, daß auch eine Bewegung, an deren Wirklichkeit niemand zweifelt, in Wahrheit in gewissem Sinne absolute Ruhe sein kann. Nehmen wir an, die Flugtechnik sei so ungeheuerlich vervollkommnet, daß man den Erdäquator in einem Tage umkreisen könnte; die Fahrt erfolge zur Zeit, wo die Sonne gerade über dem Äquator steht, sie werde um

12 Uhr mittags angetreten und erfolge in der Richtung von Osten nach Westen. Dann ereignet sich etwas sehr seltsames: der Flieger behält die Sonne dauernd über dem Kopfe; denn er gleicht ja die Bewegung der Erde durch seine entgegengesetzte Eigenbewegung gerade aus. Man hat also zwei Möglichkeiten, den Vorgang aufzufassen. Entweder man sagt: das Flugzeug bewegt sich nach Westen, dann bewegt sich die Sonne zweifellos ebenfalls nach Westen, beide Bewegungen auf die ruhende Erde bezogen (ptolemäische Auffassung); oder man sagt: die Erde bewegt sich nach Osten, die Sonne steht still (kopernikanische Auffassung), dann steht unweigerlich auch das Flugzeug fortwährend still. Jene Auffassung ist die näherliegende, aber engere, diese die entlegenere, aber weitere und höhere; denn im Sonnensystem steht das Flugzeug wirklich still. Wenn der Flieger die Aufgabe bekommt, im Weltraum am Orte zu bleiben, so kann er gar nichs anderes tun, als mit 1700 Kilometern Stundengeschwindigkeit nach Westen zu sausen; er muß sich mit Gewalt der Erde erwehren, die ihn sonst entführen würde.

## 8

Wir haben davon gesprochen, daß der Ort eines Körpers von der Wahl des Bezugspunktes abhängt; ist für diesen seine Koordinate etwa x, so ist sie für einen Bezugspunkt, der um a weiter rechts liegt, nur noch $x - a$. Dagegen ist die Entfernung zweier Punkte voneinander für beide Bezugspunkte dieselbe; denn für den ersten ist sie $x_2 - x_1$, für den zweiten ist sie $(x_2 - a) - (x_1 - a)$, also wieder $x_2 - x_1$. Die Entfernung zwischen zwei Punkten, also die Strecke ist, wie schon einmal betont, für diese Transformation eine Invariante. Und ganz entsprechend für die Zeit. Ein Zeitpunkt ist relativ, aber der zeitliche Abstand zwischen zwei Punkten, also die Zeitstrecke, ist invariant; denn es ist, wenn der Zeitabstand der beiden Bezugspunkte etwa b. ist, der Ausdruck $(t_2 - b) - (t_1 - b)$ ebensogroß wie $t_2 - t_1$. Um es an einem Beispiele auszudrücken: in allen Kalendern hat der dreißigjährige Krieg dreißig Jahre gedauert.

Verknüpfen wir jetzt Raum und Zeit miteinander, betrachten wir also Ortsveränderungen im Verhältnis zu der dazu gebrauchten Zeit, betrachten wir mit anderen Worten die Geschwindigkeit der Bewegung. Es leuchtet ein, daß sie auch ihrerseits für zwei Bezugspunkte, wenn diese nur beide ruhen, den gleichen Wert hat, daß sie ebenfalls eine Invariante ist; kann man doch Anfangs- und Endlage des Punktes als zwei Punkte und die Bahn des Punktes als eine Strecke ansehen. Wie aber, wenn der eine der beiden Bezugspunkte ruht, der andere dagegen zwar anfangs mit ihm zusammenfällt, dann aber sich mit einer bestimmten Geschwindigkeit v in der x=Richtung bewegt?

Dann wird offenbar die Geschwindigkeit V des Punktes, den wir betrachten, im zweiten Falle kleiner als im ersten; nämlich in bezug auf den ruhenden Nullpunkt gleich V, in bezug auf den bewegten aber nur gleich V — v; oder, wenn sich der Bezugspunkt nicht,

Abb. 8

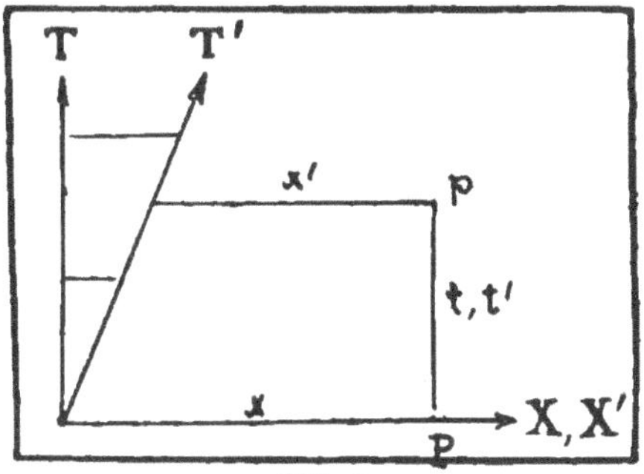

wie der betrachtete, nach rechts, sondern nach links bewegt, gleich V + v, also größer als in bezug auf den ruhenden Nullpunkt. Bewegt sich speziell der zweite Nullpunkt ebenso schnell nach rechts wie der betrachtete Punkt, so hat dieser die Geschwindigkeit V — V, also gar keine, er verharrt, obgleich er sich doch bewegt, gegenüber dem zweiten Bezugspunkte in Ruhe. Dieser Fall kommt ja sehr häufig vor, und die Sache ist uns dann ganz selbstverständlich. Wenn ich z. B. in einem fahrenden Zuge sitze, so bewege ich mich vorwärts, aber eben gerade mit der Geschwindigkeit des Zuges, relativ zum Zuge bin ich also in Ruhe, nämlich immer an derselben Stelle des Zuges. Oder ein Kirchturm bewegt sich mit der Erde nach Osten, bleibt aber relativ zur Erde an demselben Orte. Wenn ich dagegen (um wieder zum Zuge zurückzukehren), im Korridor nach vorn gehe, so bewege ich mich mit der Geschwindigkeit v relativ zum Zuge und mit der Geschwindigkeit V + v relativ zur Erde.

In alledem ist ein einleuchtender, aber doch wegen des folgenden wichtiger Satz enthalten: das Additionsprinzip der Orte und Geschwindigkeiten. Die Bewegung eines Körpers, der einem bewegten System angehört und außerdem noch eine Eigenbewegung hat, ist gleich der Summe beider Bewegungen; oder umgekehrt:

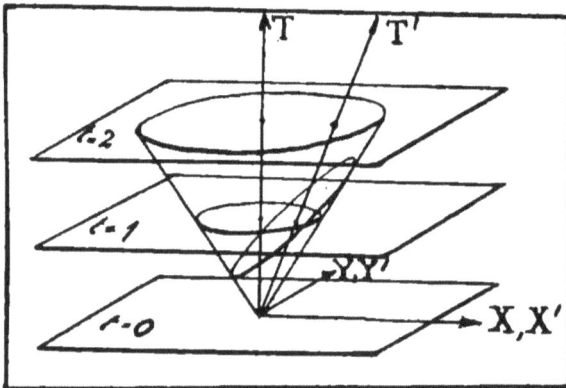

Abb. 9

die Relativbewegung des Körpers gegen sein System ist gleich der Differenz der Bewegungen des Körpers und des Systems, dem er angehört, beide relativ zu einem dritten System genommen.

Wir haben früher die Geschehnisse in einem eindimensionalen Raum durch ein X-T-Koordinatensystem veranschaulicht, dessen T-Achse senkrecht auf der X-Achse stand. Jetzt können wir eine entsprechende Zeichnung für ein geradlinig-gleichförmig bewegtes Bezugssystem entwerfen. Da für t = 0 beide Bezugsysteme, das ruhende und das bewegte, zusammenfallen sollen, fällt offenbar die neue X'-Achse mit der alten X-Achse zusammen. Dagegen müssen

wir nunmehr die T′-Achse, also die Achse, auf der überall x′ = 0
ist, gegen die alte T-Achse nach rechts neigen (etwa wie man beim
Gehen im senkrecht fallenden Regen den Schirm nach vorn neigen
muß), und zwar in dem Maße, daß für t = 1 die Rechtsverschiebung
gerade gleich v, der Geschwindigkeit des neuen Bezugssystems, ist;
ebenso für t = 2 gleich 2 v usw. Wir erhalten also ein schiefwink-
liges Koordinatensystem; x und x′ sind verschieden, aber t und t′
sind identisch.

Auch den zweidimensionalen Raum können wir mit der Zeit
noch zeichnerisch kombinieren, aber jetzt natürlich nur perspektivisch.
Wir erhalten die x- und y-Achse, mit ihnen sich deckend die x′- und
y′-Achse, dagegen erhalten wir zwei voneinander verschiedene t-
und t′-Achsen; und wir können nunmehr ganz allgemein die Raum-Zeit-
Linien ruhender oder bewegter Punkte einzeichnen. Es bleibe dem
Leser überlassen, an der Hand der Figur die einzelnen Fälle zu ver-
folgen und die Bedeutung der horizontalen Ebenen, der horizontalen
und der schiefen Kreislinien und des „Raum-Zeit-Kegels“ zu unter-
suchen.

Wir wollen nun noch einen Schritt weiter gehen und die Geschwindigkeitsänderung eines Punktes ins Auge fassen. So gut
wie der Ort eines Punktes vom Orte des (ruhenden) Bezugspunktes
abhängt, nicht aber die Entfernung zweier Punkte voneinander oder
auch die Geschwindigkeit eines und desselben Punktes, ebenso wird
zwar die Geschwindigkeit eines Punktes vom (gleichförmigen) Bewegungszustande des Bezugspunktes abhängen, nicht aber die Änderung
dieser Geschwindigkeit. Eine solche Geschwindigkeitsänderung wird
erzeugt durch einen Impuls, z. B. durch einen Stoß, allgemeiner gesagt:
durch eine plötzlich einsetzende und ebenso plötzlich aufhörende Einwirkung von kurzer Dauer. Denken wir uns etwa eine Billardkugel,
deren Geschwindigkeit durch einen Stoß von 5 auf 10 gesteigert wird,
und wiederholen wir das Experiment in einem mit der Geschwindigkeit 2 fahrenden Zuge, so stellen wir vor dem Stoße nur eine Geschwindigkeit von 5 — 2, also 3, nachher eine solche von 10 — 2

also 8, fest; die Geschwindigkeitsänderung ist aber trotzdem auch jetzt wieder 5, nämlich 8 — 3. Man kann das am eindringlichsten in der Form aussprechen: Die Gesetze des Billardspiels sind für den Spieler im Salonwagen eines gleichförmig und geradlinig fahrenden Eisenbahnzuges genau dieselben wie im ruhenden Zimmer.

Und nun noch einen kleinen Schritt weiter; einen Schritt, der eigentlich grundsätzlich nichts neues bringt, uns aber doch zu neuen und wichtigen Begriffen führt. Der Billardstoß dauert nur ganz kurze Zeit, und die Folge ist die, daß die Elfenbeinkugel nur einmal, eben während dieser kurzen Zeit, einen Geschwindigkeitszuwachs erfährt. Wir wollen uns nun vorstellen, daß auf einen Körper lauter derartige Stöße, und zwar ohne Pause zwischen ihnen, ausgeübt werden; er wird dann fortwährend Geschwindigkeitszuwachse erfahren; und wenn man immer gleiche Stöße anwendet, so wird auch der Geschwindigkeitszuwachs in der Zeiteinheit immer derselbe sein; mit anderen Worten: der Körper führt eine beschleunigte, und zwar eine gleichförmig beschleunigte Bewegung aus. So fällt z. B. ein Stein, den man in einiger Höhe losläßt, beschleunigt zu Boden, und zwar unter der Einwirkung fortwährender Stöße, die ihm von geheimnisvoller Seite erteilt werden. Von Stößen zu reden, ist nun hier freilich nicht mehr recht angebracht, wir werden ein neues Wort einführen müssen. Wir sagen, es wirke eine dauernde „Kraft" auf den Stein, und diese Kraft nennen wir Schwerkraft. Das Ergebnis unserer Betrachtung ist also dieses: Beschleunigung ist die Folge einer Kraft. Nur muß man diesen Satz nicht falsch verstehen. Es soll nicht gesagt werden: ich habe jetzt heraus, warum der Stein fällt (und zwar beschleunigt), die Ursache ist die Schwerkraft; nein, wir haben hier nichts entdeckt, wir haben etwas erfunden, wir haben, um die Bewegung unserem Kausalitätsbedürfnis einzuordnen, eine Kraft erfunden, eben die Schwerkraft; und statt zu sagen, der Stein fällt beschleunigt, sagen wir, er unterliegt der Schwerkraft; das eine besagt nicht mehr und nicht weniger als das andere, es sind nur verschiedene Ausdrucksweisen. Den Fall des Impulses brauchen wir nicht mehr besonders zu betrachten; denn das ist ja auch eine Kraft, nur auf eine kurze Zeit beschränkt und daher auch nur eine kurz andauernde Beschleunigung erzeugend. .

Aber nun merken wir auf einmal, daß wir unseren Bau ohne Fundament errichtet haben. Wir haben die beschleunigte Bewegung auf eine „Ursache" zurückgeführt, aber ganz vergessen, was wir doch zuerst hätten tun müssen: die gleichförmige Bewegung auf eine Ursache zurückzuführen. Das können wir nun ja sofort nachholen, und zwar in höchst einfacher Weise, indem wir sagen: die geradlinig-gleichförmige Bewegung hat eben, da sie keine Beschleunigung aufweist, auch keine Ursache; sie kommt „von selbst" zustande. Ein Körper, auf den keine Kraft wirkt, bewegt sich geradlinig und gleichförmig. Da glaube ich nun einen starken und, wie ich zugeben muß, berechtigten Protest zu hören, dahingehend, diese ganze Auffassung, die hier so lehrhaft vorgetragen wird, sei doch künstlich und stehe zu einer anderen, naiven, im Widerspruch. Betrachten wir also jetzt einmal diese naive Auffassung! Sie lautet, kurz zusammengefaßt: ein Körper, der sich selbst überlassen ist, bleibt in Ruhe; ein Körper, auf den ein Impuls wirkt, bewegt sich einen Augenblick und kommt sofort wieder zur Ruhe; und ein Körper, auf den dauernd eine gleichbleibende Kraft wirkt, bewegt sich dauernd mit gleichbleibender Geschwindigkeit. Diese Auffassung hat im ersten Moment etwas bestechendes; sie wird z. B. veranschaulicht durch das Auto, das stillsteht, weil der Motor abgestellt ist, das anfährt, aber sofort wieder stillsteht, wenn der Motor (versehentlich zu früh) angekurbelt, aber sofort wieder abgestellt wird; und das endlich gleichmäßig dahinsaust, wenn der Motor dauernd im Gang bleibt. Hiernach würde also eine Kraft eine Geschwindigkeit zur Folge haben; und, um eine Beschleunigung zu erzielen, müßte man eine mit der Zeit immer stärkere Kraft zur Anwendung bringen. Aber es ist leicht zu zeigen, daß diese Auffassung falsch oder, vorsichtiger ausgedrückt, ungeeignet ist. Denn wenn man näher zusieht, findet man, daß das Auto nach dem Einschalten des Motors nicht gleichförmig, sondern mit fort-

3*

während wachsender Geschwindigkeit losfährt, und erst allmählich wird es mit Bewegung „gesättigt"; es kommt zu gleichförmiger Fahrt. Die Kraft des Motors erzeugt wirklich Beschleunigung, aber nur bis zu einer gewissen Grenze; dann setzt gleichförmige Bewegung ein. Und wodurch erschöpft sich die Beschleunigung? Offenbar muß doch irgend etwas dagegen arbeiten, und das ist die Reibung der Räder an der Straße und des ganzen Autos an der Luft. Diese Reibung wird um so größer, je größer die Geschwindigkeit wird, und schließlich wird sie so groß, daß sie der Kraft des Motors das Gleichgewicht hält. Da haben wir also unsere angefochtene und doch jetzt sich bewährende Auffassung: das Auto fährt, sobald es einmal in volle Fahrt gelangt ist, gar nicht mehr infolge einer Kraftwirkung weiter (denn die Kraft des Motors und die Gegenkraft der Reibung heben sich ja auf), es fährt vielmehr „von selbst" weiter.

Für diese Eigenschaft der Materie hat man einen besonderen Namen eingeführt. Am bezeichnendsten wäre der Name „Beharrungsvermögen"; denn er besagt, daß ein Körper nicht nur, wenn er in Ruhe ist, von selbst in Ruhe verharrt, sondern auch daß er, wenn er in geradlinig-gleichförmiger Bewegung ist, diese von selbst beibehält, also in der Bewegung (das ist doch etwas aktives) beharrt. Schließlich hat sich aber doch ein anderer Ausdruck durchgesetzt, den man zunächst nur für den Fall des Beharrens im Ruhezustande gelten lassen wird, nämlich der Name „Trägheit". Indessen ist die Erweiterung dieses Ausdruckes auch für aktive Vorgänge doch sehr natürlich und einleuchtend; und es können dafür viele Beispiele aus dem gewöhnlichen Leben angeführt werden. Der Mensch ist oft so träge, daß er sich nicht entschließen kann, das Bett zu verlassen; aber nicht selten ist man auch zu träge, um schlafen zu gehen. Das Kind, das einmal angefangen hat zu weinen, weint weiter (auch wenn es gar keine Ursache mehr hat), weil es zu träge ist, mit Weinen aufzuhören. Kurz, zum Anfangen einer Tätigkeit gehört ein Entschluß, aber zum Aufhören nicht minder. Schließlich wird man noch den Einwand machen, daß doch auf diese Weise die Ruhe und die gleichförmige

Bewegung sich durch gar nichts unterscheiden; wann findet denn das eine und wann das andere statt? Nun, die Relativitätstheorie will ja eben gerade darauf hinaus, daß sie wesensgleich sind; vorläufig aber können wir mit Leichtigkeit die Unterscheidung treffen, indem wir sagen: ein Körper, der sich selbst überlassen ist und auch früher immer sich selbst überlassen war, ist in Ruhe; ein Körper, der sich selbst überlassen ist, aber früher einmal einen Impuls erfahren hat, bewegt sich geradlinig-gleichförmig; ein Körper, auf den eine Kraft wirkt, bewegt sich beschleunigt. Der Ausdruck „sich selbst überlassen" schließt dabei nicht aus, daß Kräfte auf ihn wirken, aber es müssen dann solche Kräfte und Gegenkräfte sein, daß sie sich aufheben; und dann sind sie eben so gut wie nicht vorhanden.

Von den Einwänden, die sich gegen das Trägheitsgesetz erheben lassen, knüpft der bedeutsamste an die Frage an: Was ist denn geradlinig und was ist denn gleichförmig? Das setzt doch, wie wir wissen, ein Bezugssystem voraus, und für einen vollkommen sich selbst überlassenen Körper gibt es ja gar kein Bezugssystem. Man hat sich darüber auch noch in neuerer Zeit viel Kopfzerbrechen gemacht, eigentlich überflüssigerweise; denn wenn man nur irgendein Bezugssystem heraushebt und auf dieses die Attribute „geradlinig" und „gleichförmig" bezieht, so gilt das ja auch für jedes andere, gegen jenes geradlinig-gleichförmig bewegte Bezugssystem, und für andere käme ja das Trägheitsgesetz überhaupt nicht in Frage.

Die Trägheit wird hiermit zu einer Grundeigenschaft der Materie; sie stellt ihren Widerstand gegen Bewegung dar; und jeder Körper hat einen bestimmten derartigen, ihm eigentümlichen Widerstand; und, um auch für diese meßbare Trägheit einen einfachen, schon anderweitig bekannten Namen zu haben, legt man jedem Körper eine bestimmte „Masse" bei oder, wenn man ganz deutlich sein will (und das wird sich sehr bald als notwendig erweisen), eine bestimmte „träge Masse". Aber diese Trägheit, diese Masse stellt nicht einen Widerstand gegen Bewegung überhaupt, sondern den Widerstand gegen beschleunigte Bewegung dar. Gleichförmige Bewegung ist der Materie „Natur", beschleunigte Bewegung muß ihr aufgezwungen werden. Daß dem wirklich so ist, dafür mögen für diejenigen, die sich damit nicht rasch abfinden können, zwei Erläuterungen gegeben werden, und zwar aus so verschiedenen Gebieten, wie es die Technik und die Psychologie sind. Man wird sagen: Gleichförmige Bewegung muß doch auch erst erzwungen werden, sie kostet doch Aufwand von Arbeit, gerade wie beschleunigte. Aber das eben ist nicht richtig. Die Straßenbahngesellschaften z. B. sträuben sich mit Macht gegen die Einführung zu vieler Haltestellen; denn, was ihnen Kosten verursacht, ist nicht sowohl die Fahrt auf freier Strecke, als vielmehr das jedesmalige Anfahren, also nicht die Leistung einer Geschwindigkeit, sondern die einer Beschleunigung; und wenn die Verhältnisse ideal wären, wenn nicht sekundäre Einflüsse mitsprächen, würde die Fahrt auf freier Strecke überhaupt nichts kosten; sie erfolgt eben aus der „Trägheit des Wagens" heraus. Und dann unsere Empfindung! Da will ich an die schönen Versuche erinnern, die der jüngst verstorbene Naturphilosoph Ernst Mach seinen Besuchern in Prag vorführte: Man wurde in einen gänzlich verschlossenen Kasten gesetzt, der sich, vom Erdboden losgelöst, an einem langen Hebelarm um eine in der Mitte des Saales angebrachte vertikale Achse in der Peripherie des Saales im Kreise herumführen ließ. Man sollte nun angeben, was der Experimentator mit einem vornahm, ob man still stand, ob man vorwärts führe, ob man jetzt rückwärts führe usw. Und da zeigt sich, daß man ganz drollige Angaben macht. Wenn nämlich die Drehung anfängt, sagt man: jetzt geht es vorwärts; sobald sie gleichförmig geworden ist, sagt man: jetzt stehe ich still; und wenn sie gestoppt wird, sagt man: jetzt geht's rückwärts. Man empfindet also nicht die Geschwindigkeit (die kann man von der Ruhe nicht unterscheiden), man empfindet die Beschleunigung (als positive Geschwindigkeit) und die Verzögerung (als negative Geschwindigkeit).

Was ist nun dieser langen (aber absichtlich langen) Rede kurzer Sinn? Es ist die folgende Erkenntnis: Die Geschwindigkeit ist (bis auf weiteres) kein wesentliches Attribut einer Bewegung, ihr wahres

Charakteriftikum ift die Beschleunigung. Auf diefer Erkenntnis (oder, wenn man will, Auffaffung) hat fich im 17. und 18. Jahrhundert die Mechanik, die fog. klaffifche Mechanik, aufgebaut, d. h. die Lehre von den Bewegungen der Körper im Raume. Drei mathematifch-exakt gefaßte Größen fpielen in ihr die entfcheidende Rolle: die Beschleunigung, die Kraft und die Maffe; und zwifchen ihnen befteht eine Beziehung, die man in zwei, erkenntnistheoretifch verfchiedenen, tatfächlich aber identifchen Formen ausfprechen kann. Es ift nämlich induktiv (d. h. vom Erfahrungsbegriff Beschleunigung ausgegangen und durch fie und die Maffe die Kraft, unfere Erfindung, ausgedrückt) $K = m. B$; oder deduktiv (d. h. die Kraft jetzt als „wirklich" angenommen und aus ihr die Beschleunigung abgeleitet): $B = K/m$. Die Beschleunigung wird alfo durch ein Aktivum, die Kraft, und durch ein Paffivum, die träge Maffe ausgedrückt. Alle Erfcheinungen der Bewegungslehre werden nunmehr in Gefetze und die fie mathematifch darftellenden Gleichungen gefaßt, in denen diefe drei Größen: K, m, B vorkommen. Es gibt allerdings auch Gefetze, in denen nur zwei von ihnen vorkommen, vor allem das Newtonfche Gefetz der Gravitation; aber davon werden wir fpäter reden.

## 9

Was uns zunächft angeht, ift die Frage, wie fich die Erfcheinungen der Mechanik, alfo die Bewegungsphänomene, abfpielen, wenn das Syftem, in dem fie fich abfpielen, ruht oder wenn es geradlinig-gleichförmig bewegt wird. Da find wir denn genügend vorbereitet, um fofort die Antwort zu geben: fie fpielen fich in beiden Fällen ganz gleich ab; denn die Beschleunigungen, alfo auch die Kräfte find für zwei gegeneinander geradlinig-gleichförmig bewegte Syfteme invariant; es kann alfo gar nichts Derfchiedenes eintreten. In dem einen Falle haben die Körper, um die fichs handelt, nur ihre eigene Beschleunigungsbewegung infolge der Kraftwirkung, im anderen haben fie dazu noch die Translationsbewegung des Raumes, an der fie teilnehmen; aber diefe letztere ift für einen Beobachter, der fich

ebenfalls mitbewegt, gar nicht wahrnehmbar. Ich kann also im
Eisenbahnwagen nicht nur Billard spielen, d. h. Impulse wirken lassen,
sondern ich kann auch Hochball spielen, d. h. außer dem Impulse
nach oben auch noch eine Kraft, die nach unten gerichtete Schwerkraft wirken lassen; und es macht dabei nicht das mindeste aus, daß
die gleichförmige Translation des Raumes horizontal gerichtet ist,
während die Kraft und die durch sie erzeugte, beim Aufstieg verzögerte,
beim Abstieg beschleunigte Bewegung in senkrechter Richtung erfolgt. Der Ball steigt für mich, den Spieler im Zuge, trotz dessen fort-
schreitender Bewegung, senkrecht in die Höhe und senkrecht wieder
herab, so daß ich ihn ebenso sicher auffangen kann, wie wenn ich
im heimischen Zimmer spielte. Und wenn ein Kind dabei vielleicht
aus Instinkt rückwärts läuft, um den Ball aufzufangen, erlebt es
eine Enttäuschung (der Instinkt täuscht eben häufig). Oder ich werfe
den Ball gegen die in der Fahrtrichtung vordere Wagenwand, dann
springt er zurück, und ich kann ihn wie gewöhnlich wieder auffangen;
ich werde dabei, wenn ich Neigung zu Rechnungen habe, mir ausrechnen, wie der Ball auf dem Hinwege der Wand sozusagen nach-
läuft und um wieviel ich ihm dafür den Rückweg durch mein Entgegenkommen erleichtere; aber diese Rechnung ist überflüssig, sie
ergibt gar kein anderes Resultat, als das, daß der Ball für mich einfach genau hin und her fliegt wie im häuslichen Zimmer. Kurz
gesagt: in der Welt des Zuges spielt sich alles in gleicher Weise ab,
ob er ruht oder fährt. Ganz anders natürlich für die Beobachtung
von außen. Ich stelle mich also jetzt auf dem Bahndamm auf und
beauftrage einen Freund im Zuge, in dem Momente, wo er bei mir
vorbeikommt, den Ball senkrecht nach oben zu werfen. Dann kombinieren sich für mich seine Translation mit seiner Schwerkrafts-
bewegung, und ich sehe ihn wie ein Geschoß eine Parabel beschreiben.
Und wenn ich mich (mit einiger Geschicklichkeit und Fixigkeit) hinter
den Zug auf das Geleis stelle und sofort meinen Ball gegen die Rück-
wand des letzten Wagens werfe, so läuft mir diese jetzt wirklich weg,
und ich muß, um sie zu erreichen, einen stärkeren Impuls anwenden.

Die Welt des Zuges wird von alledem nicht berührt, sie ist in sich geschlossen und hat ihre eigenen, sich immer gleichbleibenden Gesetze.

Vielleicht ist es für das Verständnis förderlich, wenn wir auch hier an die subjektiven, physiologischen Empfindungen appellieren und zusehen, wie diese sich zur Bewegung des Systems, dem wir angehören, stellen. Da liegt es nun nahe, an die berüchtigte Seekrankheit zu denken, die bekanntlich nicht bloß auf Schiffen, sondern auch im Eisenbahnzuge auftritt und dem Betroffenen die Folgen der Bewegung seines Systems in sehr unangenehmer Weise zu Gemüte führt. Und da läßt sich nun eines mit restloser Sicherheit sagen: auf einem Schiffe oder in einem Zuge, die geradlinig-gleichförmig fahren, kann kein Mensch, auch der anfälligste nicht seekrank werden, solange er sich auf die „innere Welt" beschränkt; einfach deshalb nicht, weil diese Bewegung für ihn gar keine Bewegung ist. Dagegen kann er krank werden, wenn er zum Kajüten= oder Abteilfenster hinausschaut und die Landschaft vorbeisausen sieht. Es gibt keine „absolute", sondern nur eine „relative" Verschiebungskrankheit, und die letztere tritt (wenn überhaupt) auf, gleichviel ob der Betroffene selbst in Ruhe oder in Bewegung ist (so kann man z. B. im Kino bei Aufnahmen, die von einem stark schwankenden Schiffe aus gemacht wurden, durch bloßes Hinsehen seekrank werden). Wie es in dieser Hinsicht mit der ungleichförmigen Bewegung steht, davon wird später die Rede sein.

Damit sind wir bei dem Relativitätsprinzip der klassischen Mechanik angelangt; es sagt aus: Die Bewegungserscheinungen spielen sich in allen Räumen, die sich relativ zueinander gradlinig=gleichförmig bewegen, in genau derselben Weise ab; alle diese Räume sind einander gleichwertig, und man kann aus den Bewegungserscheinungen heraus auf keine Weise feststellen, welches von ihnen etwa ruht und wie schnell sich die anderen bewegen. Es hat überhaupt keinen Sinn, eine solche Unterscheidung zu machen; es gibt nur relative Bewegung der Systeme gegeneinander. Und wenn es dem Leser Schwierigkeiten macht, sich verschiedene „Räume" zu denken (obwohl ja nach dem vorangegangenen klar ist, was das bedeutet), so denke er einfach an die verschiedenen, hier in Frage kommenden Systeme: das Sonnensystem, das Erdsystem, den Eisenbahnzug, den Machschen Kasten usw. Für Systeme, die sich voneinander nur durch eine geradlinig- gleichförmige Trägheitsbewegung unterscheiden[1]), hat man in der Relativitätstheorie einen besonderen Namen eingeführt: man nennt sie Trägheits- oder Inertialsysteme.

Wir müssen die gewonnene Einsicht nun auch noch mathematisch formulieren. Aber das geschieht in so einfacher Weise, daß auch der Angsthase nicht auszureißen braucht. In einem ruhenden Koordinatensystem, bestehend aus drei zueinander rechtwinkligen Achsen habe ein Beobachtungspunkt (vgl. Fig. 5) die Koordinaten x, y, z, d. h. er habe von den drei durch die Achsen bestimmten Ebenen, der Y-Z-Ebene (senkrecht zur X-Achse), der Z-X-Ebene (senkrecht zur Y-Achse) und der X-Y-Ebene (senkrecht zur Z-Achse) die Entfernungen x, y, z; oder auch, er schwebe um z über der X-Y-Ebene und der Fußpunkt des Lotes liege um x rechts von der Y-Achse und um y hinter der X-Achse. Nun denken wir uns ein Koordinatensystem, das ursprünglich mit dem ersten zusammenfällt, aber sich in der X-Richtung bewegt, und zwar mit der Geschwindigkeit v; dann wird seine X-Achse dauernd mit der des ersten zusammenfallen, die beiden anderen Achsen aber werden sich parallel mit sich selbst verschieben. Infolgedessen bleibt die y- und die z-Koordinate des Beobachtungspunktes, bezogen auf das neue System, nach wie vor gleich y und z; dagegen wird die x-Koordinate fortwährend kleiner, und zwar in der Sekunde um v Zentimeter, also in der Zeit t um v · t, die Koordinaten des Punktes, bezogen auf das bewegte Inertialsystem, sind also zur Zeit t: x — vt, y, z; und wenn man diese Koordinaten mit x′, y′, z′ bezeichnet, erhält man die Beziehung:

$$x′ = x - vt \qquad y′ = y \qquad z′ = z$$

---

[1]) Die exaktere Definition würde hier zu weit führen.

Man nennt das eine Koordinatentransformation und insbesondere die vorliegende zum Andenken an den großen Mitbegründer der klassischen Mechanik die „Galilei-Transformation". Wie man sieht, ist $x'$ durchaus nicht gleich $x$, der Ort eines Punktes (um es immer wieder betonen) ist eben keine Invariante. Daß auch die Geschwindigkeit eine andere geworden ist, kann man ebenfalls leicht einsehen; wohlverstanden, die relative Geschwindigkeit eines Punktes, der sich nach einem bestimmten Gesetze bewegt; es braucht durchaus keine gleichförmige, es kann auch eine beschleunigte Bewegung sein. Nehmen wir an, der Punkt habe zu irgendeiner Zeit den Ort $x_0$, nach einer Sekunde den Ort $x_1$, so ist seine Geschwindigkeit gleich $x_1 - x_0$, bezogen auf das erste Inertialsystem; dagegen ist in bezug auf das andere der erste Ort $x_0' = x_0 - vt$, der Endort aber, weil inzwischen sich auch das Bezugssystem um $v$ fortbewegt hat, $x_1' = x_1 - v \, (t + 1)$; durch Bildung der Differenz erhält man somit $x_1' - x_0' = x_1 - x_0 - v$ oder, wenn man die Geschwindigkeit des beobachteten Punktes mit $V$ (im ersten) und $V'$ (im zweiten Bezugssystem) bezeichnet: $V' = V - v$. Da haben wir also wieder das Additionsprinzip der Geschwindigkeiten. Nun aber wollen wir die Beschleunigung betrachten, d. h. die Strecke, um die der Punkt in der zweiten Sekunde mehr vorwärts kommt als in der ersten. Im ersten Bezugssystem ist sie offenbar $(x_2 - x_1) - (x_1 - x_0)$, im zweiten ganz entsprechend $(x_2' - x_1') - (x_1' - x_0')$. Nun ersetzen wir gemäß den früheren Formeln die gestrichelten Größen überall durch die ungestrichelten, d. h. wir setzen:
$$x_0' = x_0 - vt \quad x_1' = x_1 - v \, (t + 1) \quad x_2' = x_2 - v \, (t + 2),$$
(letzteres, weil inzwischen sogar zwei Sekunden vergangen sind). Dadurch erhält man:
$$(x_2' - x_1') - (x_1' - x_0') = (x_2 - x_1) - (x_1 - x_0)$$
$$- vt + vt + vt - vt$$
$$- 2v + v + v,$$
ein Ausdruck, von dem sich sowohl die zweite wie die dritte Reihe für sich aufhebt, so daß nur die erste übrig bleibt. Bezeichnet man

also die Beschleunigung in bezug auf die beiden Systeme mit B bzw.
B', so erhält man:

$$B' = B.$$

Die Beschleunigung ist also eine Invariante, ganz im Gegensatz zum
Orte und zur Geschwindigkeit. Und das ist sehr verständlich: der
Beschleunigung macht es eben gar keinen Eindruck, daß die beiden
Bezugssysteme sich gleichförmig gegeneinander bewegen; aus dem
Gleichgewicht würde sie erst gebracht werden, wenn die Bezugs-
systeme selbst gegeneinander beschleunigt wären. Allgemein gesagt:
Jeder Begriff wird nur durch seinesgleichen beeindruckt; was mit
Begriffen niederer Ordnung los ist, läßt ihn völlig kalt. In diesem
Sinne haben wir eine Skala von drei Stufen: die Koordinate ist schon
für zwei gegeneinander ruhende Bezugssysteme verschieden; die Geschwindigkeit ist für zwei solche invariant, aber verschieden für zwei
gleichförmig gegeneinander bewegte; die Beschleunigung ist auch
solchen gegenüber invariant.

## 10

Wir müssen nun das Ergebnis, zu dem wir gelangt sind, noch
nach verschiedenen Richtungen hin ergänzen, wenn es nicht durchaus
unvollständig bleiben soll. Und zwar erstrecken sich diese Ergänzungen
auf drei verschiedene Fragen: auf die (gegen ein Inertialsystem) gleichförmige Bewegung im spezielleren Sinne, gleichförmig nämlich nur
der Größe, nicht der Richtung nach; auf die ungleichförmige Bewegung
und auf das, was sich bewegt, also die Materie.

Zwei Systeme können, außer in der Beziehung, daß das eine
sich gleichförmig-geradlinig gegen das andere verschiebt, auch in
der Beziehung zueinander stehen, daß das eine sich gleichförmig
um das andere dreht. Die Rotation der Erde um ihre Achse und ihre
Bahn um die Sonne sind Beispiele dafür, und zwar Beispiele, bei
denen der kosmische Standpunkt (nämlich auf der Sonne) als entscheidend für die Ausdrucksweise gewählt wurde; vom irdischen
Standpunkt aus hätte man sagen müssen: der tägliche Auf- und

Untergang der Sonne als das eine Phänomen, und die Veränderung ihrer Bahn am Himmel während des Ablaufes der Jahreszeiten als das andere. Oder, um auch Erscheinungen zu nehmen, die sich auf der Erde selbst abspielen, die Rotation eines Kreisels auf einer Tischplatte, oder die Rotation eines mit Wasser gefüllten Gefäßes um seine Achse, die durch den Aufhängefaden mit der Zimmerdecke fest verbunden ist. Diese irdischen Erscheinungen sind uns so natürlich, daß es uns schwer wird, sie anders aufzufassen, als soeben geschehen ist; wir würden gar nicht auf den Gedanken kommen, daß vielleicht der Tisch sich unter dem Kreisel wegdreht, oder daß das Zimmer um das Wassergefäß rotiert. Aber wir haben ja schon bei den Translationen gesehen, wie gefährlich vorgefaßte Meinungen sind, und so wollen wir auch hier ganz naiv und von vorn anfangen.

Denken wir uns eine im unendlichen, leeren Raume rotierende Kugel und auf ihr irgendeinen Punkt! Etwa einen Punkt ihres Äquators. Am besten versetzen wir uns selbst in diesen Punkt hinein, damit wir unmittelbare Zeugen des Geschehens sind und uns ein Urteil darüber bilden können. Was geschieht, wenn die Kugel sich um ihre Achse dreht? Der Punkt, wo wir uns befinden, wird nach einem anderen Punkte des Raumes, als bisher, hinweisen, in einer anderen Richtung schauen; aber wodurch ist diese neue Richtung von der früheren unterschieden? Offenbar durch gar nichts, es ist ganz unmöglich, ein Merkmal anzugeben. Wir werden also auch von der Drehung gar nichts merken. Nun kann ein gescheiter Leser dagegen einwenden, wir nähmen zwar äußerlich nichts wahr, aber vielleicht in unserem Innerem; wir werden vielleicht infolge der Drehung „drehkrank", und man weiß ja, daß es einen solchen Zustand, eine Art von Schwindel, vielfach gibt, z. B. beim Schaukeln, beim Karrusselfahren und ganz besonders auf Schiffen, wenn sie rollen und stampfen, und im Eisenbahnzuge, wenn er über scharfe Kurven fährt. Aber da erinnern wir uns an unsere frühere Feststellung, daß, wenn es überhaupt eine Verschiebungskrankheit gibt, diese nur von relativem, aber nicht von absolutem Charakter sein kann. Verhält sich hier die Sache ebenso?

Ist auch die Drehkrankheit ihrem Wesen nach relativ? Darauf kann man mit nein und ja antworten. Wenn man nämlich unter relativ nach wie vor „relativ zur Außenwelt" versteht, so ist auch die Drehkrankheit zweifellos eine Folge der relativen Bewegung, d. h. sie tritt auch auf, wenn man selbst ruht, aber dabei die herumwirbelnde Umgebung betrachtet; sie muß also, so wird man sagen, ausbleiben, wenn es keine Umgebung gibt, also im leeren Raume. Eine Drehung im leeren Raume ist ja, wie wir sahen, gar kein Vorgang, der einen Sinn hat, sie ist eine nichtige Fiktion. Und doch kann und wird die Drehkrankheit auch auftreten, wenn man sich unter Ausschaltung der Umgebung dreht, z. B. in einem geschlossenen Kasten, der um sich selbst rotiert. Es liegt das einfach daran, daß der Mensch ein in sehr verwickelter Weise zusammengesetztes System von Teilen ist, und daß diese Teile sich relativ zueinander bewegen, insbesondere der flüssige Inhalt der inneren Organe; die auftretende Krankheit ist also wiederum die Folge relativer Bewegungen; nur liegen die Verhältnisse in diesem Falle so verwickelt, daß damit für uns nichts rechtes anzufangen ist.

Kehren wir also vom subjektiven, physiologischen, zum objektiven, physikalischen zurück (insoweit das überhaupt ein entscheidender Gegensatz ist, was man bestreiten kann), und fragen wir uns, ob es nicht doch vielleicht ein objektives Merkmal der absoluten Rotation gibt, also eine Art von Drehkrankheit, die die rotierenden Körper, aber auch nur die absolut rotierenden Körper aufweisen. Die Fragestellung ist ja freilich derart, daß der innerlich schon gefestigte Denker sich gar nicht darauf einlassen wird, ihr näher zu treten; er wird erklären, absolute Drehung könne es ja logisch gar nicht geben, also sei alles weitere müßig. Aber so vornehm wollen wir nicht sein, und auch nicht so unvorsichtig. Denn es leuchtet doch immerhin ein, daß der Fall der Rotation sich von dem der Translation ganz wesentlich unterscheidet. Nicht hinsichtlich der Beziehung zum leeren Außenraum, da ist, wie wir sahen, wirklich gar kein Unterschied zwischen beiden Fällen; aber vielleicht durch die inneren Verhältnisse. Und da sei wenigstens auf den wichtigsten Umstand hingewiesen: bei der Translation haben alle Punkte des Körpers dieselbe Geschwindigkeit, bei der Rotation einer Kugel hingegen ist die Geschwindigkeit eines Punktes desto kleiner, je näher er der Achse liegt, und für diese selbst ist sie null. Man könnte also schließen, daß hier innere Relativprozesse vorliegen. Aber dieser Schluß ist durchaus irrig; die Kugel bleibt sich bei der Rotation immer selbst gleich, nicht nur im ganzen, sondern in jedem ihrer Teile; und das erklärt sich dadurch, daß es hier gar nicht auf die Streckengeschwindigkeit ankommt, sondern auf die Winkelgeschwindigkeit, und diese ist für alle Punkte dieselbe, sie drehen sich alle in derselben Zeit einmal herum. Es hilft nichts, Drehung im leeren Raume ist nichts Sinnvolles, wenigstens, solange der rotierende Körper starr ist; und wenn er es nicht ist, stellt er selbst eine Welt von Relativteilen dar.

Wir sind jetzt gegen Wunder gefeit und können mit ebenso kaltem Blute in die Welt der Wirklichkeiten, also in den nicht mehr leeren, sondern von Materie erfüllten Raum zurückkehren und uns die dort auftretenden Erscheinungen mit demselben Blicke betrachten, mit dem der kritisch gefestigte Naturforscher in eine Spiritistensitzung geht. Wie er werden wir uns alles ansehen, aber in der Deutung dessen, was wir sehen, werden wir uns durch den Schein nicht beirren lassen; wissen wir doch ein für allemal, daß es sich nicht um absolute Bewegungen und ihre Wirkungen handeln kann, daß vielmehr alles relativistisch aufzufassen ist.

Da haben wir zunächst das Beispiel des Reifens, den die Kinder in aufrechter Stellung mit einem Stecken vorwärts treiben und der, solange er rollt, nicht umfällt. Nun, diese Erscheinung kann man sich ja in sehr einfacher und doch einleuchtender Weise verständlich machen: der Reifen fällt nicht um, weil er nicht weiß, nach welcher Seite er umfallen soll. Denn wenn er in einem bestimmten Momente nach links zu kippen anfängt, hat er sich, ehe die Kippung erheblich geworden ist, schon ein halbes Mal herumgedreht, sein Oberstes und Unterstes haben sich vertauscht, und damit hat sich zugleich die Ten-

denz nach links in die Tendenz nach rechts verwandelt. Der Reifen
wird also nicht umkippen, sondern nur hin= und herschwanken, und
zwar desto stärker, je langsamer die Rollbewegung wird, bis er schließ=
lich umfällt, wenn die Zeitdauer eines halben Umlaufs ausreichend
geworden ist. Jedenfalls ist die ganze Erscheinung relativistischen Cha=
rakters, es handelt sich um die Beziehung des Reifens zum Erdboden;
und wenn sich die Erde unter dem an Ort und Stelle rotierenden
Reifen fortbewegte, würde der Effekt ganz derselbe sein. Und nicht
wesentlich anders steht es mit dem Kreisel, nur daß dieser (im ein=
fachsten Falle) sich an Ort und Stelle dreht, und daß die Drehungs=
achse hier vertikal ist. Auch der Kreisel wird aufrecht erhalten durch
die fortwährende Änderung der Kipprichtung, die zur Folge hat,
daß Kippung und Wiederaufrichtung fortwährend miteinander ab=
wechseln. In Wahrheit liegt die Sache freilich noch ganz anders.
Der Kreisel fällt nämlich auch im Ruhezustande grundsätzlich nicht
um, er tut es nur aus Versehen, nämlich infolge irgendeiner zufälligen
Schwankung, die, sie mag noch so winzig sein, sich von selbst steigert.
Wir haben es hier mit dem Falle des sog. „labilen" Gleichgewichtes
zu tun, und dieses ist, wenn die Umstände ideal, also alle Zufällig=
keiten ausgeschlossen sind, ein wirkliches Gleichgewicht, gerade wie
das „stabile". Es besteht also prinzipiell gar kein Unterschied zwischen
dem ruhenden und dem rotierenden Kreisel; und der tatsächliche
Unterschied ist nur der, daß jede kleine Zufälligkeit beim ruhenden
Kreisel eine feste Richtungstendenz hat und somit Umfall bewirkt,
beim rotierenden aber eine auch ihrerseits rotierende Richtungs=
tendenz hat, wodurch dann, statt des Umfalls, eine Kippbewegung
zustande kommt, bei der die Kreiselachse einen Kegel beschreibt.
Jedenfalls aber ist diese Richtungstendenz nichts absolutes, sondern
relativ zu der Tischplatte zu fassen, auf der der Kreisel steht; und auch
hier wieder würde der Effekt genau derselbe sein, wenn der Kreisel
ruhte, die Tischplatte aber unter ihm rotierte; der Kreisel würde
auch dann aufrecht bleiben; und wenn dann die Tischplatte erlahmt
und schließlich zu rotieren aufhört, dann tritt die Labilität des Gleich=

gewichtes in Wirkung, und es bleibt dem Geschmack des einzelnen überlassen, ob er sagen will, es falle dann der Kreisel auf die Tischplatte oder diese auf jenen.[1])

Einer der berühmtesten Versuche dieser Art ist der Foucaultsche Pendelversuch. Denken wir uns dieses Pendel, bestehend aus einem sehr langen Faden und einer schweren, daran hängenden Kugel, am Nordpol der Erde aufgestellt und versetzen wir uns im Geiste dorthin, so beobachten wir an einem darunter aufgestellten Meßkreise, daß sich die Schwingungsebene des Pendels im Laufe eines Tages ein ganzes Mal von Osten nach Westen herumdreht. Nach Ptolemäus tut sie das wirklich, nach Kopernikus dagegen dreht sich die Erde in dieser Zeit ein ganzes Mal von Westen nach Osten herum, das Pendel aber behält seine Schwingungsrichtung im Raume unverändert bei. Es ist das also ein Rotationsversuch, ganz entsprechend dem früher angestellten Translationsversuch mit dem Flieger über dem Äquator. Freilich besteht da ein wesentlicher Unterschied: der Flieger muß fortwährend arbeiten, um von der Erdbewegung loszukommen, der er sonst verfallen wäre; das Pendel behält seine Schwingungsebene von selbst bei. Dieselbe Eigenschaft der Materie, ihre Trägheit, ist es, die den Flieger hinsichtlich seiner Translation von der Erde abhängig, und die das Pendel hinsichtlich der Rotation von der Erde unabhängig macht. Wie dem auch sei, so viel ist klar, daß das der Foucaultsche Versuch nichts absolutes beweist; er veranschaulicht lediglich die relative Drehung von Erde und Sonne; und er ist nur darum so überaus interessant und wichtig, weil er zeigt, daß man auf der Erde kosmische Experimente anstellen

[1]) Es darf indessen nicht verschwiegen werden, daß diese Betrachtung (und das gilt auch für das folgende) nicht bis auf den Grund geht. Wollte sie das tun, so müßte schon hier auf die Natur des Raumes, in dem wir leben, eingegangen und die neue Geometrie eingeführt werden, was den Leser in starke Verwirrung bringen würde. Später, wenn die Sache akut wird, werden wir wenigstens eine ungefähre Vorstellung von dem, was hier gemeint ist, erhalten.

tann; denn das Foucaultsche Pendel gehört zum Kosmos; es ist auf der Erde sozusagen nur zu Gaste.

Noch eindrucksvoller sind aber die Phänomene, die wir jetzt ins Auge fassen wollen. Wenn man ein Gefäß mit Wasser auf eine Drehungsachse setzt und in Rotation versetzt, so nimmt das Wasser, das sehr bald an der Rotation sich beteiligt, eine neue Oberflächengestalt, also eine neue Raumverteilung an: die bisher horizontale Ebene höhlt sich aus, und zwar desto stärker, je rascher man dreht; es besteht also für die Wasserteilchen die Tendenz, aus der Mitte nach dem Rande zu wandern und sich dort möglichst anzuhäufen; in dem Maße,

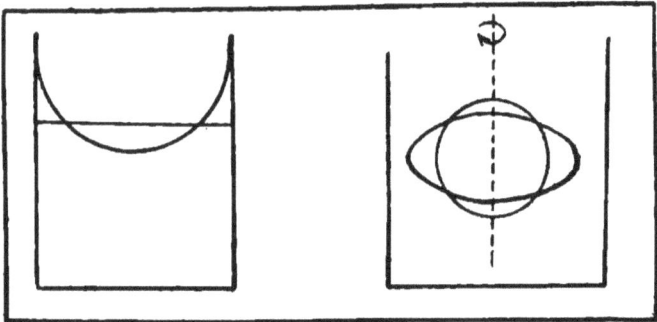

Abb. 10 und 11

wie es die entgegenstehende Schwerkraft erlaubt. Oder man läßt eine Ölkugel in einer Flüssigkeit schweben, die das gleiche spezifische Gewicht hat (Wasser-Alkohol-Mischung), steckt eine Drehungsachse durch die Kugel hindurch, die oben mit einer Kurbel versehen ist, und fängt nun an zu drehen: dann plattet sich die Kugel desto stärker ab, je rascher man dreht, und verwandelt sich zuletzt in eine flache Scheibe. Es ist das dieselbe Abplattung, die auch unsere Erde (wenn auch nur in sehr geringem Maße) erlitten hat zu der Zeit, als sie noch flüssig war, und die sie nach dem Erstarren beibehalten hat. Die Gesamtheit dieser Tatsachen führt man auf eine besondere Kraft zurück, die man als Fliehkraft, Schwungkraft oder Zentri-

fugalkraft bezeichnet. Es ist aber für uns, die wir uns von den mecha=
nischen Vorgängen und Kräften ein bestimmtes Bild gemacht haben,
ohne weiteres klar, daß die Fliehkraft weiter nichts ist als eine be=
sondere Ausgestaltung der Trägheit. Denn wenn ein Punkt ge=
zwungen wird, ein Zentrum zu umkreisen, so hat er doch in jedem
Augenblicke das Bestreben, die Krümmung seiner Bahn loszuwerden
und, der Trägheit folgend, in der Tangente seiner Bahn geradlinig
fortzuschreiten. Durch dieses Bestreben wird z. B. der Faden eines
in vertikalem Kreise herumgeschwungenen Pendels gespannt, und
zwar auch dann, wenn es sich im oberen Halbkreise seiner Bahn be=
findet; und wenn der Faden reißt, fliegt die Pendelkugel geradlinig
davon. Die Schwungkraft ist also eine bei der Rotation sich
geltend machende Form der Trägheit; und damit stimmt es auch,
daß sie sich desto stärker geltend macht, je massiger der Körper
ist; stellt man z. B. den Aushöhlungsversuch mit Wasser und Queck=
silber an, so wird das Quecksilber am stärksten nach dem Rande
gezogen.

Da haben wir also wirklich einen ganzen Strauß von Phäno=
menen, die für die Rotation charakteristisch sind: die Erhaltung der
Schwingungs= und Rotationsebene, die Aushöhlung und die Ab=
plattung. Wir genießen den Duft dieses Straußes in vollen Zügen,
aber wir lassen uns nicht betäuben. Ja, das sind Kennzeichen der
Rotation, aber nicht der absoluten, sondern der relativen. Leider
können wir uns keinen leeren Raum verschaffen, in den wir als
einzige Realität den Ölkugelapparat hineinstellen könnten, um den
Abplattungsversuch vorzunehmen; aber wir brauchen ihn gar nicht
auszuführen; denn wir sind überzeugt, daß dabei keine Abplattung
eintreten würde, einfach deshalb nicht, weil die Rotation unter diesen
Umständen, wie wir wissen, gar keine Rotation ist, weil sie keinen
Sinn hat, also auch keine Merkmale und keine Wirkungen haben
kann. In der Wirklichkeit rotiert unser Körper stets in einem Raume,
in dem sich (eventuell vielleicht in weiter Ferne) noch andere Körper
befinden; und dann rotiert er eben relativ zu diesen; ob er selbst als

4*

rotierend, die anderen als ruhend, oder ob er als ruhend, die anderen als rotierend aufgefaßt werden, kann keinen Unterschied machen. Man hat sich große Mühe gegeben, in dieser Richtung entscheidende Experimente anzustellen; man hat den zu beobachtenden Körper in der Nähe mächtiger Massen, z. B. von Schwungrädern in Fabriken, aufgestellt, um festzustellen, ob die Merkmale der Rotation an dem Körper auch dann auftreten, wenn er selbst ruht, die benachbarten Massen aber rotieren; alle diese Versuche sind an äußeren Schwierigkeiten gescheitert. Sie sind aber schließlich zu entbehren, da ein Zweifel an der Richtigkeit des Relativitätsprinzipes nicht bestehen kann. Aber eines freilich ist auch für uns unerläßlich; wir dürfen uns die Sache nicht gar zu bequem machen. Denn die Wirkungen der Rotation, insbesondere die Aushöhlung und die Abplattung, sind da, sie sind wirkliche Phänomene. Und da wir an Geistererscheinungen nicht glauben, d. h. nicht annehmen, daß es sich um Leistungen der Rotation als solcher handelt, müssen wir die Tatsache in die Gesamtheit unserer Vorstellungen einordnen. Da kommt natürlich die Trägheit (in der Form der Schwungkraft) nicht in Betracht; denn die Abplattung soll ja auch bei einem, innerhalb rotierender Massen ruhenden Körper auftreten. Wir müssen also einen Schritt weiter gehen und Kräfte einführen, die zwischen jenen Massen und dem Körper wirken, und die bei relativer Drehung zwischen ihnen eben die beobachtete Erscheinung zustande bringen. Es muß sich also um eine besonders ausgestaltete Art von Gravitationskräften handeln; und da die Kräfte nichts sind als ein Ausdruck von Beschleunigungen, diese letzteren aber, wie wir wissen, invariant sind, ergibt die Wirkung dieser Kräfte den gleichen Effekt, ob nun der beobachtete Körper seinerseits, oder ob die Umgebung um ihn rotiert; in jedem Falle wird er abgeplattet, und zwar unter sonst gleichen Umständen beide Male in ganz gleichem Maße. Und wenn jemand die Einführung derartiger Kräfte für willkürlich hält, so sei ihm erwidert, daß sie doch immer noch natürlicher ist, als die Festsetzung einer geheimnisvollen, absoluten Schwungkraft; denn diese wird einzig und allein zur Rettung der absoluten Rotation eingeführt; die Kräfte aber, die wir einführen, schließen sich unmittelbar an das uns schon anderweitig bekannte Kraftfeld an.

## 11

Wir kommen jetzt zu der zweiten der versprochenen Ergänzungen. Wir haben nämlich geradlinig-gleichförmige und gleichförmig rotierende Bewegung betrachtet; jetzt wollen wir uns mit der geradlinig-beschleunigten Bewegung befassen. Ein Körper befindet sich also in Ruhe und wird plötzlich in Bewegung gesetzt, oder er wird im Gegenteil plötzlich in seiner Bewegung gebremst, oder allgemein, es wird seine Geschwindigkeit gesteigert oder herabgemindert. Da hat denn nun der Fall des plötzlich gebremsten Eisenbahnzuges deshalb eine besondere Berühmtheit erlangt, weil ein hervorragender Physiker an ihm die angebliche Absurdität des Relativitätsprinzips demonstriert hat. Er sagt: „Wenn hierbei durch Trägheitswirkung alles im Zuge in Trümmer geht, während draußen alles unbeschädigt bleibt, so wird kein gesunder Verstand einen anderen Schluß ziehen wollen als den, daß es eben der Zug war, der mit Ruck seine Bewegung geändert hat, und nicht die Umgebung. Das Relativitätsprinzip verlangt dagegen die Möglichkeit, daß es doch die Umgebung gewesen sei, die den Ruck erfahren hat, und daß das Unglück im Zuge nur Folge dieses Ruckes der Außenwelt sei, vermittelt durch eine Gravitationswirkung der Außenwelt auf das Innere des Zuges. Für die naheliegende Frage, warum denn der Kirchturm neben dem Zuge nicht umgefallen sei, da er doch den Ruck direkt erfahren habe, dafür hat das Prinzip anscheinend keine den einfachen Verstand befriedigende Antwort.“ Der sonst so scharfsinnige Physiker begeht hier den grundsätzlichen Fehler einer richtigen Schlußfolgerung aus einer falschen Voraussetzung. Das relativistische Gegenseitigkeitsprinzip setzt stillschweigend voraus, daß die beiden Systeme, zwischen denen die Relativität stattfinden soll, gleichberechtigt und selbständig seien; und gerade das ist hier nicht der Fall. Von den beiden Systemen ist nämlich nicht etwa das eine der Zug, das andere die Erde; sondern das eine ist der Zug für sich, das andere aber ist die Erde mit dem Zuge, da doch der Zug ein Teil der Erde ist, mit ihr in mannigfacher Weise, insbesondere durch Trägheit und Schwere, verbunden und eben nur in der einen Hinsicht selbständig, daß er eine besondere Translationsgeschwindigkeit hat, die dann plötzlich gestoppt wird. Man gewinnt über diese Verhältnisse sofort volle Klarheit, wenn man sich den anderen Fall, nämlich den, daß der Zug steht und die Erde unter ihm sich nach hinten bewegt, deutlich vorzustellen versucht. Soll denn dann der Zug selbständig sein oder soll er von der Erde nach hinten mitgenommen werden? Offenbar wird doch das letztere der Fall sein; und wenn wir trotzdem erzwingen wollen, daß er stillsteht, müssen wir anheizen und ihn nach vorn fahren lassen. Und wenn jetzt die Erde gestoppt wird, so muß auch der Zug, wenn er auch weiterhin stillstehen bleiben soll, gestoppt werden, und es wird dann in dem tatsächlich dauernd stillstehenden Zuge wieder alles umfallen. Wir brauchen ja nur an den Fall des Fliegers über dem Äquator zurückzudenken und uns ausmalen, was da geschieht, wenn die Erde plötzlich gebremst wird; der Flieger muß dann, wenn er auch weiterhin senkrecht unter der Sonne bleiben will, auch seinerseits stoppen, und dabei wird er die Wirkung gründlich verspüren. Auf die Erde und das, was auf ihr sich befindet, aber darf man die Betrachtung beileibe nicht erstrecken; denn sie ist ja das Gesamtsystem, dem auch der Zug (bzw. der Flieger) angehört; und deshalb kann und wird auf ihr nichts umfallen. Gewiß, es wirkt auch auf die Erde jene geheimnisvolle Kraft; aber alle ihre Teile, also auch die Kirchtürme, können dieser Kraft (im Gegensatz zu den Dingen im Zuge) in ganz gleicher Weise nachgeben, sie erfahren alle die gleiche Beschleunigung, und es braucht nichts umzustürzen.

Es gibt einen hübschen Vorlesungsapparat, den wir hier heranziehen wollen, weil er die Erde, mit der ja nicht gut zu experimentieren ist, durch etwas Handlicheres ersetzt; leider erfordert der Apparat, wenn er wirksam vorgeführt werden soll, immerhin noch recht große

Räume. Er besteht aus einem langen Wagen ohne Wände und einem hinten auf ihm stehenden Wägelchen, beide leicht laufend, der Wagen auf der langen Tischplatte, das Wägelchen auf dem Wagen. Bewegt sich der Wagen gleichförmig vorwärts, so nimmt das Wägelchen, ohne seinen Ort auf dem Wagen zu ändern, an der Bewegung teil; stoppt man aber den Wagen plötzlich, so macht sich das Wägelchen selbständig und rollt weiter, bis es vorn herunterfällt. Man kann nun den Versuch auf die mannigfachste Weise variieren, indem man Wagen oder Wägelchen einzeln für sich oder zusammen nach vorn oder hinten laufen läßt und dann diesen oder jenes stoppt: immer zeit sich die Trägheitswirkung, und immer ist sie im Einklang mit der relativen Bewegung der beiden Systeme zueinander; die absolute spielt keine Rolle.

In allen diesen Fällen spielt nun aber eine gewisse Komplikation der Verhältnisse eine entscheidende Rolle, nämlich der Umstand, daß das betrachtete System nicht einheitlich, kein starres Ganzes ist, sondern aus Teilen besteht, die gegeneinander beweglich sind. Nur dadurch erhält die Trägheit Gelegenheit, sich „auszuleben"; das gilt für die Reisenden im Zuge und ihre Gepäckstücke ebenso wie für das Wägelchen auf dem Wagen; es gilt schließlich auch für das rotierende Wasser; wie das Wägelchen nach vorn, so fallen die Wasserteilchen nach außen. Wie aber, wenn wir jetzt das System in ein starres verwandeln, wenn wir die Reisenden fest auf die Sitze schnallen usw.? Dann können sie auch beim Bremsdruck nicht nach vorn fallen; aber es wird etwas andres eintreten: sie werden einen Zug nach vorn verspüren, und dieser Zug hat ganz den Charakter einer Kraftwirkung, wie wenn da vorn eine anziehende Kraft in Wirksamkeit getreten wäre. Geben wir jetzt die Reisenden wieder frei, so daß sie beim Bremsdruck nach vorn fallen, warum sollen wir uns das nicht ebenso als die Wirkung einer Kraft denken? Es ist ja wahr, diese Kraft ist in diesem Falle rein fiktiv; aber man kann leicht Fälle wenigstens in Gedanken konstruieren, wo sie durchaus realen und uns wohlvertrauten Charakters ist. Stellen wir uns vor, daß wir uns in einem geschlossenen Kasten befinden, wie schon einmal; diesmal aber soll der Kasten irgendwo im Raume schweben, und es sollen sich in dem Kasten einzelne kleine Gegenstände befinden, die ich in die Hand nehmen und dann loslassen kann. Ich tue das und bemerke, daß der Körper, obgleich ich ihn losgelassen habe, doch unverrückt da schweben bleibt, wo ich ihn losgelassen habe. Ich werde dann schließen, daß nichts vorhanden ist, was irgendeine Wirkung, sei es Trägheits- oder Kraftwirkung erzeugte, daß ich mich also in meinem Kasten allein im leeren Raume befinde, und zwar im Ruhezustande. Ich könnte ja ebensogut annehmen, daß sich mein Kasten in irgendeiner Richtung gleichförmig bewegt; aber diese Annahme hätte gar kein Interesse, da sich für das geschlossene System (und überhaupt im leeren Raume) diese Fälle in nichts unterscheiden. Nun aber wollen wir zweitens annehmen, daß die Beobachtung etwas ganz andres ergibt: daß der Gegenstand, sowie ich ihn loslasse, zu Boden fällt, und zwar, wie ich durch feinere Untersuchung feststelle, in beschleunigtem Tempo. Wie kann ich mir das erklären? Offenbar auf zwei Arten. Entweder ich nehme an, daß mein Kasten in beschleunigtem Tempo nach oben fährt und daß der Gegenstand an dieser Fahrt nur so lange teilnimmt, wie ich ihn festhalte, nach der Freilassung aber an Ort und Stelle bleibt, so daß er für mich in gleichem Beschleunigungstempo nach unten zu fallen scheint. Oder ich nehme an, daß mein Kasten ruht, daß aber unter ihm sich Massen, z. B. die Erde, befinden, die anziehend wirken. In beiden Fällen spüre ich übrigens meine Lage auch am eigenen Körper, und zwar in Form eines Drucks nach unten; nur ist dieser Druck im ersten Falle ein Trägheitsdruck, im zweiten ein Schweredruck. In qualitativer Hinsicht kann ich die beiden Zustände durchaus nicht unterscheiden; ob ich sie vermöge der beobachteten quantitativen Verhältnisse unterscheiden kann, das hängt einzig und allein davon ab, ob Trägheit und Schwerkraft auf die Körper in gleicher Weise wirken; und darüber können wir uns erst Aufschluß verschaffen, wenn wir uns nunmehr der dritten, in Aussicht gestellten Ergänzung unserer

Betrachtungen zuwenden. Erst wenn wir durch diese eine bejahende Antwort erhalten, können wir sagen: Trägheit und Schwere sind äquivalent.

## 12

Wir sprechen immerfort von Bewegung, ohne bisher des näheren untersucht zu haben, was sich denn eigentlich bewegt. Nun — so wird man sagen — das ist doch ohne weiteres klar: die Materie. Aber was ist denn das Maß der Materie? Wiederum leicht zu beantworten: ihre Menge, ihr Inhalt, ihre „Masse", unter letzterem Worte eben auch nur so ungefähr der Gehalt an Stoff verstanden. In der Wissenschaft aber muß man exakt verfahren, und da haben wir ja eine Definition bereits vorweggenommen: Masse ist der Widerstand gegen Beschleunigung, wie sie durch eine Kraft erzeugt wird; oder auch der Widerstand gegen plötzliche Annahme einer Geschwindigkeit, wie sie durch einen Impuls erzeugt wird; der letztere Fall ist ja, wie wir wissen, nur ein Sonderfall des ersteren. Die Gleichungen, die das ausdrücken, haben wir ja schon aufgestellt; in ihrer deduktiven Form lauten sie: B = K/m und G = I/m. Jetzt aber wollen wir diese Gleichungen nach m auflösen und erhalten dann die Doppelgleichung:

$$m = K/B = I/G;$$

in Worten: Masse ist das Verhältnis der Kraft, die man aufwenden muß, zu der Beschleunigung, die sie erzeugt (und entsprechend für den Impulsfall). Die Masse, so kann man auch sagen, ist der Anspruch an Kraft, den ein Körper stellt, wenn er etwas bestimmtes leisten soll; sie ist, mit einem Fremdworte, seine Kraftkapazität. Es sei nebenbei bemerkt, daß die Materie noch eine ganze Reihe entsprechender Kapazitäten besitzt: Wärmekapazität, elektrische, magnetische usw.

Hier wird also die Masse durch die Kraft ausgedrückt, auf sie bezogen. Aber ist denn die Kraft etwas Reales? In einem einzigen Falle sehr wohl, nämlich bei meiner eignen Muskelkraft; wende ich z. B. beim Kegeln mit verschiedenen Kugeln immer dieselbe Muskelkraft auf, und beobachte ich die Geschwindigkeiten, die sie annehmen, so kann ich daraus auf ihre Massen schließen: diejenige, welche sich am schnellsten bewegt, hat die kleinste, die langsamste die größte Masse, und zwar genau im umgekehrten Verhältnis. Aber die Kräfte in der Natur sind nicht real, sie sind unsre eignen Erfindungen, z. B. die Schwere oder die Wärme oder die elektrische Kraft. Wenn man also die Masse auf die Kraft zurückführt, so definiert man sie durch etwas selbst hypothetisches, so baut man auf Sand. Und wenn man deshalb den Spieß umkehrt und, von der Masse ausgehend, die Kraft durch die Masse definiert (K = mB), so ist man um nichts besser dran; denn jetzt bezieht man die Kraft auf etwas, was in exakter Weise noch nicht definiert ist, auf die Masse. Das läßt sich nicht ändern, weil in allen obigen Gleichungen drei Größen vorkommen, von denen nur eine, die Beschleunigung, direkt beobachtbar ist, die beiden andern aber hypothetisch sind; eine Gleichung mit zwei Unbekannten kann aber nicht aufgelöst werden. Wie man sieht, haben wir hier ein neues Relativitätsprinzip, es sagt aus, daß Masse nur relativ zu Kraft und Kraft nur relativ zu Masse einen klaren Sinn hat. Ob man sich für das eine oder das andre entscheidet, ist Geschmacks- und Zweckmäßigkeits-Sache; in der Technik herrscht das Kraftsystem vor, in der Wissenschaft das Massesystem.

Wenn man eine Gleichung mit zwei Unbekannten vor sich hat und möchte sie gern auflösen, so wird man sich natürlich bemühen, noch eine zweite Gleichung zwischen denselben Größen ausfindig zu machen; denn aus zwei Gleichungen mit zwei Unbekannten läßt sich alles berechnen. Eine solche zweite Gleichung existiert nun wirklich, und zwar schon seit Jahrhunderten, seit der Zeit des großen Newton, der sie selbst aufgestellt und damit sein Lehrgebäude der Mechanik gekrönt hat. Es ist das berühmte Newtonsche Gravitationsgesetz, um das es sich hier handelt. Es führt alle am Himmel und auf der Erde beobachteten Bewegungen bestimmten Charakters auf Kräfte zurück, die in den Körpern ihren „Sitz" haben, aber von hier aus in die Ferne wirken; und die Stärke dieser Fernwirkung steht nach ihm im direkten Verhältnis zu den Massen der beiden Körper, zwischen denen die Wirkung erfolgt, und im umgekehrten Verhältnis zum Quadrat ihrer Entfernung voneinander; in Formel: $K = m_1 m_2/r^2$. Man sieht sofort zweierlei: erstens, daß es sich hier um eine Wechselwirkung handelt (die Erde zieht den Mond, aber auch der Mond die Erde an); und zweitens, daß das Gesetz für alle Inertialsysteme unverändert gilt, denn r ist ja eine Invariante. Andrerseits aber machen uns auch wiederum zwei Umstände stutzig. Erstens der, daß die Zeit und alles, was mit ihr zusammenhängt (Geschwindigkeit, Beschleunigung) in der Formel gar nicht vorkommt, daß sie also, obgleich sie Bewegungen, d. h. kinetische Erscheinungen darstellen soll, doch selbst rein statischen Charakters ist; kurzum: nach dem Newtonschen Gesetze hängt die Gravitation gar nicht von der Zeit, der Geschwindigkeit und der Beschleunigung der Körper ab, sondern in jedem Augenblicke lediglich von ihrer gegenseitigen Lage (und den Massen). Zweitens spielt in unserem Gesetze die Masse offenbar eine ganz andre Rolle wie bisher, nämlich nicht mehr eine passive, als ein Widerstand, sondern eine aktive, krafterzeugende Rolle. Es ist nicht mehr träge, sondern gravitierende oder schwere Masse; es ist, wie man aus der Formel ersieht, einfach die Kraft in der Einheit der Entfernung. Das Verhältnis dieser beiden Bedeutungen von m sieht man am einfachsten ein, wenn man einen irdischen, unter das Gesetz fallenden Vorgang betrachtet, nämlich das Fallen eines Steins zu Boden: er wird durch seine aktive Masse herabgezogen, aber er setzt der Abwärtsbewegung seine passive Masse als Widerstand entgegen. Jene, die ihn herabziehende Kraft, ist nun nach unsern früheren Feststellungen nichts andres als das Produkt der passiven Masse und der beobachteten Beschleunigung, sie wird als Gewicht des Körpers bezeichnet: $P = m \cdot B$; die passive Masse andrerseits ist eben einfach gleich m; das Verhältnis beider zueinander wird also durch die Beschleunigung dargestellt, z. B. auf der Erdoberfläche durch die in Zentimetern und Sekunden ausgedrückte Zahl 981. Man geht indessen noch einen Schritt weiter und drückt

die aktive Masse durch eine andre Einheit aus wie die passive; nämlich jene durch das Gewicht, diese durch die Masse eines Kubikzenti-
meters Wasser; und da diese Einheiten sich ebenso zueinander verhalten wie die auszudrückenden Größen, kommt man zu dem Ergebnis, daß das Gewicht eines Körpers durch dieselbe Zahl ausgedrückt wird wie die Masse. Wenn wir also die Beobachtung machen,
daß (nach Beseitigung des Luftwiderstandes usw.) alle Körper,
schwere und leichte, gleich schnell fallen, so müssen wir daraus den
Schluß ziehen: Träge und schwere Masse sind einander gleich. Daß
dem wirklich und allgemein so ist, hat noch in neuerer Zeit der un-
garische Physiker Eötvös mit den allerfeinsten Beobachtungsmethoden
bestätigt. Es ist das ein für uns überaus wichtiges Ergebnis, und
das um so mehr, als es uns bis auf weiteres durchaus rätselhaft erscheint: zwei Größen, die so ganz verschiedenartig definiert und eingeführt wurden, die eine kinetisch, die andre statisch, sind trotzdem
tatsächlich identisch. Es wird offenbar erforderlich sein, hierauf
später zurückzukommen, um den Schleier dieses Geheimnisses zu
lüften.

Jetzt können wir unsere Betrachtungen und Beobachtungen im
schwebenden Kasten und im Eisenbahnzuge erst recht würdigen.
Eben, weil alle Körper gleich schnell fallen, unterscheidet sich meine
Beobachtung in dem ruhenden, aber durch gravitierende Massen
beeinflußten Kasten in nichts von dem im leeren Raume beschleunigt
fortschreitenden Kasten. Und wenn ich, im Salonwagen des Eisenbahnzuges stehend, bei plötzlicher Beschleunigung seiner Fahrt nach
rückwärts falle, so kann ich ebensogut annehmen, daß mein Zug
seine gleichförmige Fahrt fortsetzt (oder gar in Ruhe verharrt),
wenn ich dafür im ganzen Raum ein gleichförmiges Kraftfeld an-
nehme.

Freilich werden wir gut tun, unsere Vorstellung von der Gravitation nunmehr grundsätzlich umzugestalten. Wir wollen sie nicht
mehr, wie Newton das tat, als eine mystische Fernwirkung auffassen,
wir wollen den Sitz der Kraft nicht mehr in die einzelnen Körper

verlegen, wir wollen „die Verwaltung dezentralisieren", und das
gleich so gründlich wie möglich. Wir wollen uns vorstellen, daß die
Gravitation allgegenwärtig im Raume ist, und dementsprechend
wollen wir den Raum als ein „Feld", und zwar als ein Gravitationsfeld auffassen. Dann können wir also das Ergebnis unserer Betrachtungen in den Satz zusammenfassen: Auch eine beschleunigte
(oder verzögerte) Bewegung läßt sich nicht im absoluten Sinne erkennen, auch sie ist äquivalent der Ruhe, wenn man nur als
Ersatz der Bewegung etwas neues hinzunimmt, ein den Raum be-
lebendes Feld. Kurz gesagt: Beschleunigtes System und gleichförmiges
konstantes Kraftfeld sind gleichwertig. Das ist das von Einstein aufgestellte und an die Spitze seiner allgemeinen Relativitätstheorie gestellte
„Äquivalenzprinzip". Jahrhundertelang hat die Wissenschaft die
Gleichheit von träger und schwerer Masse einfach als eine Tatsache hingenommen; jetzt erst wird sie als ein Grundsatz an die
Spitze unserer Naturauffassung gestellt.

Schließlich wollen wir uns daran erinnern, daß wir unserer
Kraft-Massen-Beschleunigungs-Gleichung eine zweite zur Seite stellen
wollten, um auf diese Weise festen Boden zu gewinnen für die Definition, sei es der Kraft, sei es der Masse. Wenn die träge Masse
des Beschleunigungsgesetzes identisch ist mit der schweren Masse
des Gravitationsgesetzes, dann muß man doch die beiden Gesetze
ineinander verarbeiten können; dabei wollen wir der Einfachheit
halber annehmen, daß die beiden aufeinander wirkenden Körper
des Newtonschen Gesetzes gleiche Massen haben, daß also die beiden
Gesetze lauten:

$$K = m \cdot B \qquad\qquad K = m^2/r^2.$$

Um diese beiden Formeln miteinander vergleichen zu können,
müssen wir die Größe B, die Beschleunigung, auf ihre Elemente
zurückführen, also auf Strecke und Zeit; und zwar ist Geschwindigkeit
das Verhältnis der Strecke zur Zeit, und die Beschleunigung ihrerseits das Verhältnis der Geschwindigkeit zur Zeit, es kommt also
in den Zähler die Strecke, die wir der Gleichförmigkeit wegen auch

mit r bezeichnen wollen, zu stehen, in den Nenner aber das Quadrat der Zeit, d. h. es wird:

$$K = m \cdot r/t^2 \text{ und andrerseits } K = m^2/r^2;$$

setzt man die rechten Seiten dieser beiden Gleichungen einander gleich, so erhält man: $m = r^3/t^2$. Damit ist also die Masse auf Strecke und Zeit zurückgeführt. Es sei bemerkt, daß diese Formel in naher Beziehung zum dritten Kepplerschen Gesetze steht, nach dem sich für die verschiedenen Planeten des Sonnensystems die Kuben ihrer mittleren Sonnenabstände wie die Quadrate ihrer Umlaufszeiten verhalten. Anders ausgedrückt: die Größe $r^3/t^2$ ist für alle Planeten gleich groß, und diese für alle gleiche Größe ist eben die Masse der Sonne. So schön nun diese Relativierung der Masse auch sein möge, sie führt uns doch nicht zum Ziele, sie führt, was hier nicht näher ausgeführt werden kann, sozusagen in eine Sackgasse. Die brauchbare Relativierung der Masse müssen wir auf einem ganz andern Wege gewinnen, und dieser Frage wollen wir uns jetzt zuwenden.

## 13

Ist denn die Masse — wobei wir hier begrifflich an die träge Masse denken wollen — wirklich ein so grundlegender und fester Begriff, wie er es doch sein müßte, wenn er die ihm zugewiesene führende Rolle spielen soll? Nun, sein Reich ist nicht nur kein allumfassendes, es ist sogar recht beschränkt, nämlich beschränkt auf die mechanischen Vorgänge. Nun hat die Physik aber doch noch große andre Gebiete, wie die Wärmeerscheinungen, die elektrischen, magnetischen und optischen Phänomene; von den chemischen und Lebenserscheinungen gar nicht zu reden. Auf diesen Gebieten nun spielt die Masse vielfach überhaupt keine oder doch nur eine sehr untergeordnete Rolle; das Verhalten der Materie wird hier durch ganz andre Eigenschaften geregelt wie die Masse; nämlich, wie ja schon erwähnt wurde, durch besondere Kapazitätsgrößen, außerdem aber durch Eigenschaften, die die Leitung und Strahlung und vieles andre betreffen. Nun, vorläufig beirrt uns das nicht; denn wir sind ja noch bei der Mechanik.

Aber nun die andre Frage: ist die Masse wirklich etwas festes? Man wird diese Frage eigentümlich finden, man wird den Fragesteller für einen unverbesserlichen Zweifler halten. Aber prüfen wir die Angelegenheit doch einmal recht gründlich! Welche Masse hat denn ein ruhender Körper? Darauf lautet die einzig richtige Antwort: gar keine. Wenigstens ist man nicht in der Lage, irgend etwas darüber auszusagen, weil die Masse doch erst bei der Bewegung zum Ausdruck kommt. Man kann allerdings sagen, der Körper habe schwere Masse, er drücke auf die Wagschale; und da die träge Masse gleich der schweren Masse ist, hat er auch träge Masse; aber das ist doch ein indirekter Schluß, er betrifft nicht unmittelbar die träge Masse. Und dann weiter: ist die Masse bei der Bewegung immer eine ganz bestimmte, immer eine und dieselbe? Diese Frage muß man getrennt behandeln für die beiden uns bekannten Typen der Bewegung, die Translation und die Rotation. Wir beschränken uns hier auf den zweiten Typ, weil wir hier leichter und in eindringlicherer Weise unsere Absichten erreichen. Für die Rotation können wir nämlich ein sehr schönes Experiment beibringen, das ein helles Licht auf die Frage wirft. Wir stellen uns aus zwei ineinander verschraubbaren Halbkugeln aus Metallblech eine Hohlkugel her, in deren Innerem wir mit Hilfe von Lagern und Spitzen einen Kreisel unterbringen können. Solange der Kreisel ruht, können wir die Kugel beliebig verschieben und drehen, wir verspüren dabei lediglich den normalen, ihrer Masse entsprechenden Widerstand. Sobald aber der Kreisel im Innern rotiert, verhält sich die in die Hand genommene Kugel zwar ganz normal gegen Verschiebungen und auch gegen Drehungen um die Kreiselaxe; alle andern Drehungen aber, ganz besonders solche um Achsen, die senkrecht auf der Kreiselachse stehen, erfordern einen überraschenden Kraftaufwand, man hat das Gefühl, daß sich die Kugel solchen Drehungen mit einem weit über ihre Masse hinausgehenden Widerstand entgegenstemmt. Wenn man nun nach wie vor die Masse als Widerstand gegen Bewegung definiert, so wird man also sagen müssen: der Körper hat jetzt eine stark erhöhte Drehmasse, und zwar eben infolge des Umstandes, daß er sich innerlich bewegt, daß er innere lebendige Kraft oder, wie man das jetzt nennt, kinetische Energie besitzt. Seine Masse ist nichts einfaches, sie setzt sich aus statischer und kinetischer Masse zusammen, und die letztere wird immer größer, je intensiver der Bewegungszustand im System ist. Man könnte ja auch jenen Teil als „wahre", diesen (oder die ganze Summe) als „scheinbare" Masse bezeichnen; aber das würde insofern irreführen, als die kinetische Masse ebenso „wahr" ist wie die statische; im Gegenteil, man kommt leicht auf den Gedanken, es möchte auch die statische Masse eine Folge irgendwelcher innerer Bewegungsvorgänge sein, nur von so feiner Art, daß wir sie nicht. wie die Kreiselbewegung, durch grobe Beobachtung feststellen können. Alles das gilt nun freilich zunächst nur für die träge Masse; da aber, wie wir wissen, die schwere Masse der trägen stets gleich ist, muß es auch von dieser gelten, es muß also auch die Gravitation von der (groben und feinen) Bewegung der aufeinander wirkenden Körper abhängen, und das Gravitationsgesetz kann dann nur eine angenäherte, wenn auch, wie sich zeigt, innerhalb ungeheuer weiter Grenzen bestehende Gültigkeit haben.

Somit kommen wir zu dem vorläufigen Schlusse: Masse ist nichts anderes wie eine Art von Energie; und je mehr Energie ein Körper hat, desto mehr Masse hat er im wahrsten Sinne des Wortes. Dieser Schluß ist, wie gesagt, nur ein vorläufiger; wir können nämlich mit dieser Äquivalenz zunächst noch nichts anfangen, weil wir das Umrechnungsverhältnis von Masse und Energie nicht kennen; es geht uns hier ebenso wie mit der Umrechnung von Zeit in Raum. Denn wenn wir etwa aus dem Kreiselversuch dieses Umrechnungsverhältnis ermitteln wollten, was ja an sich möglich wäre, so würde doch offenbar das Ergebnis gar keine, über die besonderen Umstände dieses Versuchs hinausgehende Bedeutung haben. Eher schon könnten wir an das Gravitationsgesetz denken und aus dessen in weiten Grenzen bestehender Gültigkeit den Schluß ziehen, daß ein ruhendes Gramm schon eine so gewaltige Menge Energie darstellt, daß die grob-kinetiſche dagegen nicht in Betracht kommt; aber auch das würde nicht zu einem klaren und allgemein brauchbaren Ergebniſſe führen. Wir müſſen alſo auch hier wieder uns mit Geduld wappnen und warten, bis wir den Schleier lüften und ein allgemein gültiges Umrechnungs-verhältnis für Maſſe und Energie entdecken.

Wir wollen hiermit den mechaniſchen Teil unſerer Betrachtungen fürs erſte abſchließen und aus dieſem Anlaſſe kurz zuſammenfaſſen, was wir feſtgeſtellt haben.

Es gibt keinen abſoluten Raum und keinen abſoluten Ort im Raume; es gibt nur einen Ort relativ zu einem andern Orte. Da-gegen gibt es, im gewiſſen Sinne, eine abſolute Entfernung zweier Punkte voneinander, alſo eine abſolute Strecke; ſie iſt invariant bei der Erſetzung eines (ruhenden) Bezugsſyſtems durch ein andres mit ihm ver-wandtes. Auch ein Zeitpunkt hat nur relativen Sinn, er muß auf irgend-einen andern, als Nullpunkt der Zeit angenommenen Zeitpunkt bezogen werden. Dagegen hat eine Zeitdauer oder Zeitſtrecke vorläufig noch abſoluten Sinn, ſie iſt invariant bei der Erſetzung eines Zeitanfangs-punktes durch einen andern. Der Raum hat drei, für uns anſchauliche Dimenſionen. Aber als vierte läßt ſich, für das abſtrakte Denkver-mögen völlig gleichwertig, die Zeit hinzufügen; nur bleibt die Frage nach dem Umrechnungsverhältnis einer Zeitſtrecke in eine Raum-ſtrecke gänzlich unerledigt. Die Geſchwindigkeit, bezogen auf beliebige ruhende Achſen, hat einen abſoluten Sinn, ſie bleibt invariant beim Übergange von einem zu einem andern, gegen das erſte ruhenden Achſenſyſtem; dagegen ändert ſie ſich beim Übergange von einem zum andern, gegen jenes bewegten Achſenſyſtem. Die Beſchleunigung aber iſt nicht bloß für verſchiedene, gegeneinander ruhende, ſondern auch für verſchiedene, gegeneinander gradlinig-gleichförmig bewegte Bezugsſyſteme invariant, ſie hat abſoluten Charakter und iſt daher durch eine, vom Bezugsſyſtem unabhängige Kraft darſtellbar. Da-gegen ändert ſich die Beſchleunigung, wenn man von einem Bezugs-ſyſtem zu einem andern, gegen jenes beſchleunigten übergeht; man muß alsdann zu der Kraft, durch die man die Beſchleunigung darſtellt,

eine neue, zunächst geheimnisvolle Kraft hinzufügen, um sich auf
das erste (ruhende) Bezugssystem beziehen zu können. Die Materie
gibt sich einerseits durch die von ihr ausgehende Kraft, ihre Gravitation (Schwere, Gewicht), andrerseits durch ihre Trägheit, d. h.
durch ihren Widerstand gegen Beschleunigung, kund; beide Merkmale finden ihren Ausdruck in der Masse, dort in der schweren, hier
in der trägen Masse; und beide sind, in geeignetem Maße gemessen,
einander gleich; dagegen ist die Masse abhängig vom Bewegungszustande, also vom Inhalt an Energie. Sie wird dadurch selbst zu
einer speziellen Form der Energie, aber auch hier bleibt die Umrech-
nungsfrage ungelöst. Alles in allem eine in sich geschlossene und (bis
auf einige Quantitätsfragen) festgefügte Anschauung der mechanischen Welt.

Jetzt aber müssen wir zusehen, ob diese Anschauung auch außerhalb der mechanischen Welt standhält; und es mag, um den Leser
nicht allzu neugierig zu machen, ohne doch die Spannung ganz
aufzuheben, vorweggenommen werden, daß das nicht der Fall ist.
Unser mechanisches Weltbild versagt bei der Betrachtung der
feineren Vorgänge in der Natur, es muß durch ein wesentlich
abgeändertes ersetzt werden, und damit kommen wir zur modernen
Relativitätstheorie.

### 14

Die mechanische Physik hat es mit Bewegungen, d. h. mit zeitlichen Änderungen des Ortes zu tun, seien es nun die Bewegungen
starrer Körper als in sich unveränderlicher Systeme oder die relativen
Ortsänderungen der einzelnen Teile eines Systems, wie bei den
elastischen Veränderungen der festen, flüssigen und gasigen Körper.
Aber dieser mechanischen Physik steht eine andre zur Seite, bei der
die Erscheinungen von ganz anderm Charakter sind: die Physik der
Wärme, des Schalls und des Lichts, der Elektrizität und des Magnetismus. Hier sind es spezifische Phänomene, die sich uns darbieten,
und zwar teils direkt unsern eigens dafür eingerichteten Sinnes-
organen (Haut, Ohr, Auge), teils indirekt durch ihre Wirkungen

(denn für Elektrizität, Magnetismus und den größten Teil der Strahlung haben wir kein spezifisches Sinnesorgan). Wie können wir uns ein Verständnis dieser Erscheinungen verschaffen? Wir können diese Frage hier nicht nach allen Richtungen erörtern, wir müssen uns auf das beschränken, was für uns wichtig ist, und selbst da noch müssen wir eine knappe Auslese halten.

Der Schall hat eine sehr einfache Beziehung zur Materie und ordnet sich damit sofort in die mechanische Physik ein. Denn wenn man eine Klingel unter die Glocke der Luftpumpe bringt und irgendwie, z. B. durch eine elektromagnetische Vorrichtung, von außen erregt, so wird der Schall desto schwächer, je stärker man auspumpt, und zuletzt hört er ganz auf; der Träger des Schalles ist also die Luft, und es läßt sich des weiteren leicht zeigen, daß es sich dabei um eine regelmäßige Wellenbewegung der Luftteilchen handelt.

Daß aber die Luft nicht auch Träger des Lichts ist, geht daraus hervor, daß das Auspumpen hier gar keinen Effekt hervorbringt; noch viel einfacher und eindringlicher aber daraus, daß das Licht sich durch den gesamten Weltraum ausbreitet, obgleich in ihm, wie sich aus der widerstandslosen Bewegung der Himmelskörper ergibt, keine Luft und auch kein andrer Stoff sich befindet, wenigstens keiner, der sich mechanisch bemerklich macht. Es bleiben daher nur drei Annahmen möglich: die Fernwirkungs-, die Emissions- und die Undulations-Hypothese. Die Fernwirkungshypothese, die das Licht mit der Gravitation in Parallele setzt, ist unvereinbar mit der Tatsache, daß das Licht Zeit braucht, um sich durch den Raum fortzupflanzen; und zwar eine Zeit, die mit der durchmessenen Strecke in immer gleichem Verhältnisse steht, mit andern Worten: es gibt eine allgemeingültige Lichtgeschwindigkeit im leeren Raume (oder auch in der Luft, was keinen merklichen Unterschied ausmacht). Diese Geschwindigkeit hat sich sowohl aus Beobachtung von Himmelserscheinungen (Aberration des Lichts, Verdunkelung der Jupitermonde usw.) als auch durch raffinierte Experimente im Laboratorium (Fizeausches Zahnrad, Foucaultscher Spiegel usw.) sehr genau ermitteln lassen, und immer mit dem gleichen Ergebnis: dreihundert-tausend Kilometer in der Sekunde. Bleibt also nur noch die Wahl zwischen den beiden andern Hypothesen.

Nach der Emissionshypothese senden die leuchtenden Körper äußerst feine Teilchen, die Lichtteilchen, aus, die sich gradlinig und gleichförmig, also genau wie materielle Teilchen, im Raume aus-breiten und somit auch in unser Auge gelangen; daß die Geschwindig-keit dieser Teilchen so ungeheuer groß ist, wird verständlich, eben wenn man ihnen eine über alles geringe Masse zuschreibt; wissen wir doch, daß mit dieser Masse die Geschwindigkeit im umgekehrten Verhält-nis steht. Diese von Newton aufgestellte Theorie hat uns eine große Zahl von optischen Erscheinungen begreifen gelehrt und sich daher Jahrhunderte hindurch gehalten. Insbesondere leistet sie für die Frage, die uns hier interessiert, gute Dienste, indem sie sich in das klassische Relativitätsprinzip einordnet. Die wichtigste, hierher ge-hörige Tatsache ist die, daß sich die optischen Erscheinungen der Spie-gelung und Brechung, der Farbenzerstreuung und Interferenz, über-haupt der gesamte Strahlengang auf der bewegten Erde genau für den Mitbewegten so abspielt, als ob sie ruhte, vorausgesetzt, daß sich eben der ganze Vorgang auf der Erde abspielt und daß das ganze System, von der Lichtquelle bis zum Auge des Beobachters, keine relativen Orts-änderungen seiner Teile zueinander erfährt. Aber grade diese beiden Annahmen wollen wir jetzt fallen lassen und solche Lichterscheinungen betrachten, bei denen die zusammenwirkenden Teile sich relativ gegeneinander bewegen. Wie mannigfaltig diese Erscheinungen sein können, geht daraus hervor, daß es folgende Fälle geben kann: 1. Die Lichtquelle ruht (d. h. wir sehen sie als ruhend an), der Be-obachter dagegen befindet sich auf einem bewegten System. 2. Die Lichtquelle ruht, der Beobachter gleichfalls, aber das Medium, durch das die Strahlen laufen, bewegt sich. 3. Die Lichtquelle bewegt sich relativ zum Medium und zum Beobachter. 4. Das ganze System (Quelle, Medium und Beobachter) bewegt sich relativ zu einem als fest angenommenen System (z. B. zur Sonne). Dazu kommt dann aber noch eine weitere Mannigfaltigkeit: die Wirkung der Bewegung kann sich auf die verschiedenen Merkmale des Lichts erstrecken, auf seine Richtung, auf seine Farbe und auf seine Geschwindigkeit. Wir können in dem knappen Rahmen unserer Darstellung nur einiges wenige davon unterbringen und beginnen mit der Aberration der Fixsterne.

Denken wir uns einen von einem Fixstern s auf die Erde laufenden Strahl und ein Fernrohr zu seiner Aufnahme und Beobachtung! Der Einfachheit halber wollen wir uns den Strahl senkrecht zur Richtung der Erdbewegung vorstellen. Wenn die Erde ruhte, müßte man also auch das Fernrohr entsprechend richten. Aber die Erde schreitet auf ihrer Bahn um die Sonne in der Sekunde um dreißig Kilometer fort, und deshalb würde der in das Objektiv des Fernrohrs eingetretene Lichtstrahl sehr bald an die Seitenwand desselben anstoßen und gar nicht in das Okular gelangen. Will man erreichen, daß der

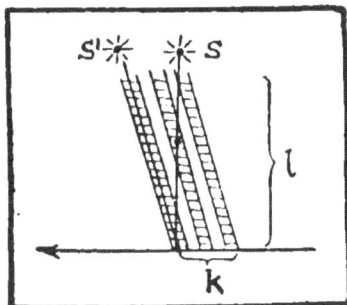

Abb. 12

Strahl das Fernrohr in seiner Achse passiert, so muß man es schräg stellen; drei solche Stellungen sind in der Figur angedeutet, und die letzte von ihnen läßt zugleich den Ort s' am Himmel erkennen, an den man den Stern verlegt, wo man ihn sieht. Der scheinbare Ort weicht also vom wahren Orte ab, und zwar kommt es offenbar auf das Verhältnis der Strecke, um die sich die Erde während des Durchlaufs des Strahls durch das Rohr fortbewegt, zur Länge des Rohrs an: k/l, dafür kann man aber, da es sich um Strecken handelt, die in der gleichen Zeit zurückgelegt werden, die Geschwindigkeiten setzen und erhält dann, wenn v die Erdgeschwindigkeit, c die Lichtgeschwindigkeit ist: v/c. Nun ist zwar jene im Verhältnis zu dieser sehr klein, nämlich nur der zehntausendste Teil; aber das wird im

Winkelmaß, also auf die Winkelabweichung des Sternortes umge=
rechnet, immerhin der 180. Teil eines Grades oder der dritte Teil
einer Winkelminute, was man schon in einem mäßigen Fernrohr
feststellen kann. Man nennt diesen Winkel die Aberration, das Ver=
hältnis v/c = b selbst aber die Aberrationskonstante. Steht der Stern
andrerseits so, daß seine Strahlen das Fernrohr in der Richtung der
Erdbewegung erreichen, so findet offenbar gar keine Aberration statt,
in allen andern Fällen liegt der Betrag zwischen diesen Grenzen (v/c und
null). Da übrigens die Richtung, nach der die Bewegung stattfindet, sich
im Laufe eines Jahres fortwährend ändert, beschreibt der scheinbare
Ort des Fixsterns, je nach den Umständen, in dieser Zeit einen kleinen
Kreis oder eine kleine Ellipse oder eine kleine grade Linie. Man
sieht, es ist alles in schönster Ordnung; die Lichtquelle ruht, der Be=
obachter bewegt sich, und man kann aus der Beobachtung entweder,
wenn man die Lichtgeschwindigkeit kennt, die Bahngeschwindigkeit
der Erde oder, wenn man diese kennt, die Lichtgeschwindigkeit be=
rechnen.

Eine andre astronomische Beobachtung hat Arago gemacht.
Die Geschwindigkeit des Lichts in festen oder flüssigen Medien ist
eine andre wie im leeren Raume, und das äußert sich in den opti=
schen Eigenschaften dieser Medien, z. B. in dem Brechungsquoti=
enten und damit auch in der Brennweite von Linsen. Beobachtet
man nun mit dem Fernrohr einen Stern, auf den die Erde zur Zeit
zueilt, so wird die Geschwindigkeit der Lichtteilchen nach dem uns
schon bekannten Additionsprinzip vergrößert (weil der Weg ver=
kürzt wird), und ebenso im umgekehrten Falle verkleinert. Es müßte
sich also die Brennweite der Linsen des Fernrohrs ändern, und zwar,
wie man sich ausrechnen kann, um einen beobachtbaren Betrag. Es
hat sich aber trotz sorgfältiger Einrichtung des Experiments nichts
derartiges ergeben. Also ein Ergebnis von negativem Charakter,
das Ausbleiben eines von der Theorie geforderten Effekts; wir wollen
uns das merken, da wir noch mehr solche Enttäuschungen erleben
werden.

Es gibt noch eine Reihe weiterer Beobachtungen und Versuche, die uns interessieren würden; aber wir können sie vorläufig nicht verwerten, weil uns die entscheidenden Methoden fehlen. Sie betreffen nämlich teils die Frage, ob zwei Lichtstrahlen, die auf verschiedenen Wegen in mein Auge gelangen, gleichzeitig oder nacheinander eintreffen; und wie soll man das bei den winzigen Zeitdifferenzen, um die es sich hier handelt, feststellen? Teils betreffen sie die Änderung der Farbe des Lichts infolge der Bewegung der Quelle, und für die Farbe haben wir überhaupt auf diesem Standpunkte keine exakte und brauchbare Definition. Wir müssen also diese Gegenstände, obgleich sie sachlich hierher gehören, noch aufschieben.

## 15

Soweit die Emissionstheorie. Sie hat sich schließlich nicht halten können und mußte der Wellentheorie weichen, als das Phänomen der Interferenz entdeckt wurde, das heißt die Erscheinung, daß, wenn auf einen Punkt des Raumes gleichzeitig zwei Lichtstrahlen treffen, etwa beide von gleicher Helligkeit, daraus durchaus nicht immer die doppelte Helligkeit resultiert, sondern unter Umständen eine viel geringere bis zur völligen Dunkelheit. Das ist aber nur verständlich, wenn man sich das Licht als eine Wellenbewegung vorstellt, bestehend aus Bergen und Tälern (bildlich gesprochen), so daß, wenn zwei Berge oder zwei Täler aufeinander stoßen, vermehrte Helligkeit eintritt, dagegen Dunkelheit, wenn ein Berg der einen Lichtbewegung mit einem Tal der andern zusammentrifft. Also ganz ähnlich wie bei Wasserwellen oder Schallwellen, nur daß man hier nicht das Wasser oder die Luft als Träger der Wellenbewegung ansehen darf, sondern dafür einen hypothetischen, den ganzen Weltraum und auch alle Körper durchdringenden, äußerst feinen Stoff einführen muß, den Äther. Überaus mißlich ist freilich, daß man diesem Äther die seltsamsten Eigenschaften beilegen muß; obgleich er nämlich über alle Vorstellung leicht und dünn sein muß, kann er doch nicht als Gas oder Flüssigkeit behandelt werden, weil das Licht nicht, wie der Schall in der Luft, sich in sogenannten Längswellen ausbreitet, die mit Verdichtungen und Verdünnungen verknüpft sind, sondern in Querwellen, die mit Ausbiegungen nach der Seite, also mit wirklichen Bergen und Tälern, verknüpft sind (das folgt aus der Tatsache der Polarisation des Lichts, die eine „Seitlichkeit" seines Verhaltens feststellt). Solche Querwellen sind aber im Innern von Gasen und Flüssigkeiten wegen ihrer vollkommenen Nachgiebigkeit ausgeschlossen und nur bei festen Körpern (z. B. im Innern der Erde bei den Erdbebenwellen) möglich. Und dann die uns hier besonders angehende Frage, ob der Äther, der in einem ruhenden Medium natürlich auch seinerseits ruht (von den kleinen Lichtschwingungen abgesehen), auch dann noch in Ruhe bleibt, wenn sich das Medium fortbewegt, oder ob er an seiner Bewegung teilnimmt. Im ersteren Falle müßte sich bei den optischen Erscheinungen in einem fortschreitenden Medium eine Art von „Ätherwind" bemerklich machen, grade wie man in einem offenen Auto den Luftwind verspürt; in beiden Vergleichsfällen einen Wind, den man als „Relativwind" bezeichnen kann, weil es nicht die Luft bzw. der Äther ist, der sich bewegt, sondern das Auto bzw. das Medium; aber relativ zu Auto bzw. Medium bewegt sich eben die Luft bzw. der Äther nach hinten, und das ist im Effekt ganz dasselbe. Nun sind ja oben nur die beiden Extreme herausgehoben, der vollständig ruhende und der vollständig mitbewegte Äther; er könnte ja auch zum Teil, d. h. mit geringerer Geschwindigkeit mitgenommen werden, etwa wie die Luftschichten um das Auto herum: die nächstliegenden werden stark, die etwas weiteren schwach und die ganz entfernten gar nicht mehr mitgenommen. Eine Schwierigkeit grundsätzlicher Art erhebt sich freilich bei der Annahme des ruhenden Äthers: welches ist denn das Bezugssystem, gegenüber dem er ruht? Die Erde ist es gewiß nicht, und auch die Sonne ist ungeeignet, weil sie auch ihrerseits eine Eigenbewegung hat; es bleibt nur der absolute Raum übrig, und den gibt es doch für uns gar nicht. Ein absolut ruhender Äther hat also gar keinen klaren Sinn.

Betrachten wir nun einige von den vielen Beobachtungen und Experimenten, die man angestellt hat, um das Verhalten des Äthers kennen zu lernen. Da macht gleich die erste, die Aberration, Schwierigkeiten, dieselbe Aberration, die auf Grund der Emissionstheorie so einfach zu verstehen war. Nach der Wellentheorie dürfte es gar keine Aberration geben; denn die auf die Erdoberfläche (am einfachsten wieder senkrecht zur Richtung ihrer Bahn) auffallenden Strahlenbüschel sind jetzt in Wahrheit Wellenfronten, die mit der Erdbewegung parallel sind und durch sie nicht im geringsten berührt werden. Die Aberration muß also einen besonderen, intimeren Grund haben; und dieser kann nur in dem Umstande liegen, daß die Strahlen nicht bloß durch den leeren Raum, sondern auch durch die Linsen des Fernrohrs und des Auges hindurchgehen müssen. Hier aber kommt alles darauf an, wie sich der Äther in ihnen verhält; und der französische Optiker Fresnel, einer der Begründer der Wellen-

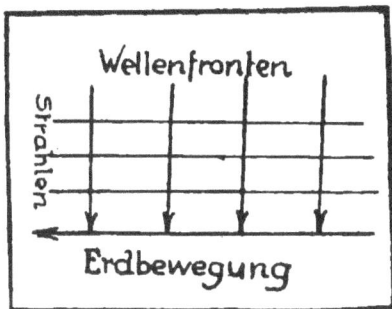

Abb. 13

theorie, hat gezeigt, daß man die Aberration nur dann richtig berechnen kann, wenn man weder ruhenden noch vollständig mitgenommenen Äther voraussetzt, sondern einen bestimmten „Mitführungskoeffizienten" des Äthers einführt, und zwar für jedes Medium, je nach seinen optischen Eigenschaften, einen andern. In jedem Medium hat nämlich, wie schon erwähnt wurde, die Lichtgeschwindigkeit einen andern Wert, und das Verhältnis der Lichtgeschwindigkeit im leeren Raume zu der in dem betreffenden Medium ist dessen Brechungsquotient n. Durch diesen wird sich also auch der Mitführungskoeffizient ausdrücken, und zwar ist nach Fresnel

$$k = \frac{v'}{v} = \left(1 - \frac{1}{n^2}\right),$$

3. B. für Wasser (n = ⁴/₃) gleich ⁷/₁₆, für Glas von mittleren Eigen=
schaften (n = ³/₂) gleich ⁵/₉ usw. Damit ist das Phänomen der Aber=
ration auch für die Wellentheorie gerettet, aber mit Hilfe einer An=
nahme, die doch an sich recht gekünstelt ist. Und das wird noch weiter
gesteigert durch den Umstand, daß der Brechungsquotient n, also
auch der Mitführungskoeffizient k für jede Lichtart, d. h. für jede
Farbe, einen andern Wert hat (man denke an die bekannte Erschei=
nung der Farbenzerstreuung!); es müßte also Licht jeder Farbe einen
besonderen Äther für sich haben!

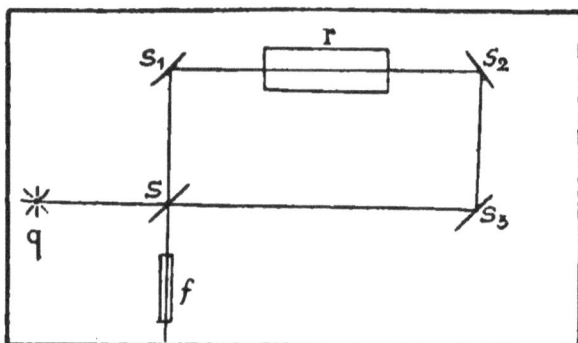

Abb. 14

Auf die Aragosche Beobachtung brauchen wir nicht nochmals
zurückzukommen; ihr negatives Ergebnis erklärt sich ebenfalls durch
die Annahme, daß der Äther nicht ruht, sondern wenigstens teilweise
mitgenommen wird. Und dasselbe gilt von einem andern Versuch,
den Hoek angestellt hat. Von der Quelle q aus trifft das Licht auf
eine teils spiegelnde, teils durchlässige, unter 45 Grad geneigte
Platte p, teilt sich hier so, daß der eine Strahl über die Spiegel s₁,
s₂, s₃, der andre auf dem umgekehrten Wege nach p zurückkehrt,
um dann wieder vereinigt in das Fernrohr f zu gelangen. Zwischen
s₁ und s₂ ist nun eine Röhre mit Wasser eingeschaltet, und der ganze
Apparat kann so aufgestellt werden, daß die Richtung s₁, s₂ ab=

wechselnd in die Richtung der Erdbewegung oder gegen sie orientiert ist. Da die Strahlen somit verschiedene Wege haben, müssen im Fern= rohr Interferenzen, d. h. helle und dunkle Streifen, auftreten, und zwar verschieden je nach der Aufstellung des Apparats. Tatsächlich blieb aber die Interferenzerscheinung immer völlig unverändert; und die Rechnung zeigt auch hier wieder, daß dieses Ergebnis mit der Hypothese des ruhenden Äthers unvereinbar ist, daß man viel= mehr wiederum einen Mitführungskoeffizienten im Sinne Fresnels einführen muß.

Nun aber ein weiteres, sehr eindrucksvolles Phänomen: der Doppler=Effekt. Er tritt bei jeder Wellenbewegung auf, wenn ent= weder die Quelle oder der Beobachter sich in der Richtung der Ver= bindungslinie beider bewegt; und zwar als einfache Folge des Ad= ditionsprinzips, das wir ja schon wiederholt betont haben. Die Wellen drängen sich infolge der Annäherung der Quelle an den Beobachter (oder dieses an jene) zusammen, umgekehrt treten sie bei der Ent= fernung beider weiter auseinander. Die Folge davon ist beim Schall eine Änderung der Tonhöhe, bei Annäherung wird der Ton höher, bei Entfernung tiefer; bei Lokomotiven, die im Vorbeifahren pfeifen, kann man das sehr gut beobachten. Ist die Schallgeschwindigkeit c, die Bewegungsgeschwindigkeit v, so ist die Tonhöhe, d. h. die Schwingungs= zahl oder Frequenz der Luftteilchen im Verhältnis von $1 : 1 \pm (v/c)$ verändert, bei Annäherung gilt das obere, bei Entfernung das untere Zeichen. Beim Licht macht sich der Effekt ganz entspre= chend geltend, hier ist es die Farbe, die sich ändert; ein gelbes Licht z. B. wird bei der Annäherung mehr grünlich, bei der Entfernung mehr rötlich. Nur müssen zwei Bedingungen erfüllt sein: das Licht muß eine reine Farbe haben, und die Bewegungsgeschwindigkeit muß sehr groß sein, damit sie einen nennenswerten Bruchteil der Lichtgeschwindigkeit ausmache. Jenes erfüllt man durch die Be= obachtung des Spektrums, dieses durch die Wahl von Sternen als Lichtquellen; in dem Spektrum des Sternes erscheinen dann die hellen Spektrallinien nach rechts oder links verschoben. Schwierig=

leiten macht aber auch hier die Ätherfrage. Denn während es nach den Grundsätzen der mechanischen Physik ohne weiteres einleuchtet, daß es nur auf die Relativbewegung der Quelle und des Beobachters gegeneinander ankommt, tritt hier noch eine ganz neue Frage hinzu, nämlich die Frage, wie sich beide, Quelle und Beobachter, gegen den Äther bewegen. Da zeigt nun eine kleine Rechnung, die wir übergehen müssen, daß es einen Unterschied macht, ob der Beobachter im Äther ruht und die Quelle sich gegen ihn bewegt, oder aber die Quelle im Äther ruht und der Beobachter sich gegen ihn bewegt. In jenem Falle wird die neue Frequenz $f_1 = f (1 + v/c)$, in diesem dagegen $f_2 = f/(1 - v/c)$, wobei der Fall der Annäherung zugrunde gelegt ist (bei Entfernung ähnlich); oder, wenn wir hier und im folgenden den Bruch $v/c$ mit $b$ bezeichnen:

$$f_1 = f (1 + b) \qquad f_2 = \frac{f}{1 - b}.$$

Das macht aber einen Unterschied; denn wenn man mit $1 - b$ in $f$ hineindividiert, erhält man nicht einfach $1 + b$, sondern, weil die Division nicht aufgeht, noch eine Menge weiterer Glieder, von denen wir uns mit dem nächsten begnügen wollen; es wird dann:

$$f_2 = f (1 + b + b^2).$$

Man drückt dieses Ergebnis folgendermaßen aus: $f_1$ und $f_2$ sind, wenn $b$ ein kleiner Bruch ist (im Falle der Erd- und Lichtgeschwindigkeit ist $b = 1/10000$) in erster Annäherung einander gleich; aber in zweiter ist $f_2$ ein klein wenig, nämlich um $b^2$ (im obigen Beispiele um ein hundertmilliontel) größer; bei der ersten Annäherung werden nur Größen erster Ordnung, bei der zweiten auch noch solche zweiter Ordnung berücksichtigt; wir wollen uns das merken, weil es noch wiederholt eine Rolle spielen wird. Man erhält somit das Ergebnis: Bei Vernachlässigung von Größen zweiter Ordnung, also als Effekt erster Ordnung ist der Doppler=Effekt nur von der relativen Bewegung von Quelle und Beobachter abhängig; bei Berücksichtigung von Größen zweiter Ordnung aber auch von der absoluten Bewegung oder, wie man auch sagen kann, von der Bewegung gegen den Äther.

Da nun b² viel zu klein ist, um ermittelt werden zu können, ist mit
dem Doppler-Effekt für unsre Zwecke nichts anzufangen. Es sei deshalb auch nur ganz kurz erwähnt, daß man auch mit irdischen Lichtquellen den Effekt beobachten kann, nämlich bei den sogenannten
Kanalstrahlen, die in ausgepumpten Glasröhren bei Anlegung einer
kräftigen elektrischen Spannung auftreten, aber freilich keine Undu-
lations-, sondern Emissionsstrahlen sind (fortgeschleuderte Wasser-
stoffteilchen) und erst indirekt zu Wellenstrahlen, also zur spektralen
Beobachtung Anlaß geben; ihre Geschwindigkeit ist so groß, daß sie

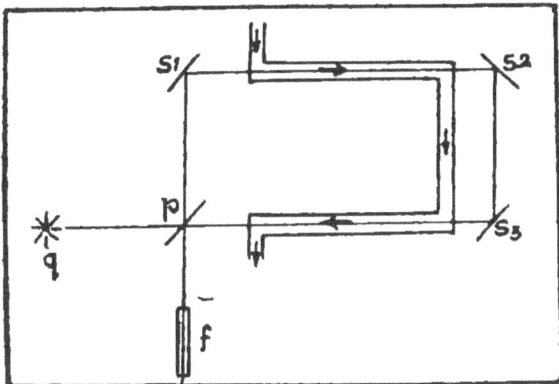

Abb. 16

einen merklichen, nämlich den 300. Teil der Lichtgeschwindigkeit ausmacht, und deshalb verschieben sich die Spektrallinien ganz beträchtlich.

Handelt es sich bei dem Doppler-Effekt um bewegte Quelle
oder Beobachter, so ist es bei einem sehr bedeutsamen Versuche von
Fizeau das Medium selbst, das sich bewegt, während es vom Lichte
durcheilt wird. Man muß zu diesem Zwecke natürlich durchsichtige
Substanzen, also Luft oder Wasser, benutzen und diese in möglichst
rasche Bewegung versetzen. Auch hier waren, wie bei dem Versuche
von Hoek, außer der Lichtquelle q eine geneigte Platte p, drei Spiegel s, ein Fernrohr f und eine Röhre r mit Wasser vorhanden; aber

hier ist es nicht die Bewegung der Erde, die in Betracht kommt,
sondern die Luft oder das Wasser selbst strömt durch das zu diesem
Zwecke mehrfach geknickte Rohr; derart, daß von den beiden Strahlen,
in die sich der von q kommende Strahl spaltet, der eine mit der
Luft oder dem Wasser, der andre dagegen läuft. Wenn der Äther
ruht, müßte die Interferenzerscheinung dieselbe bleiben, gleichviel
ob die Luft bzw. das Wasser strömt oder nicht; wird der Äther vollständig mitgenommen, so müßte eine bestimmte Änderung der Interferenz eintreten. In Wahrheit trat bei Luft gar keine, und bei Wasser
nur eine viel geringere Änderung ein, also wieder entsprechend
einer partiellen Mitführung des Äthers, und zwar ungefähr (nicht
genau) gemäß der Fresnelschen Formel; in Luft ($n = 1$) wird der
Äther gar nicht, in Wasser knapp halb so schnell mitgeführt. Die Versuche sind übrigens in neuester Zeit in wesentlich veränderter Anordnung wiederholt worden; aber etwas endgültiges hat sich auch hier
noch nicht ergeben.

## 16

Alle bisher angeführten Versuche und Beobachtungen lassen
sich mit der Äthertheorie in Einklang bringen, wenn auch auf recht
gekünstelte Weise und ohne restlose Übereinstimmung untereinander.
Jetzt aber kommen wir zu einem Experiment, das sich in grellen Widerspruch zur bisherigen Theorie stellt, und das deshalb besondere Berühmtheit erlangt hat; ist es doch der unbestrittene Ausgangspunkt
der modernen, von der klassischen ganz wesentlich abweichenden
Relativitätstheorie geworden. Es ist von dem Amerikaner Michelson
im Jahre 1881 zuerst angestellt und später von ihm in Gemeinschaft
mit Morley mit noch weiter erhöhter Zuverlässigkeit und Genauig-
keit der Beobachtung wiederholt worden. Der bewegte Körper ist
hier wieder die Erde auf ihrer Bahn um die Sonne. Wir müssen,
um dieses Experiment zu verstehen und zu würdigen, zurückgreifen
und vorbereiten. Wenn man die Geschwindigkeit des Lichts auf der
Erde messen will, so wäre es ja das nächstliegende, eine kräftige Lichtquelle zu nehmen, von ihr einen Strahl viele Kilometer weit auszu-

senden (mit modernen Scheinwerfern kann man sehr weit kommen) und nun die Zeit des Abganges mit der Zeit der Ankunft zu vergleichen; die Schallgeschwindigkeit läßt sich auf diese Weise sehr gut ermitteln. Aber die Lichtgeschwindigkeit ist so groß, daß selbst eine Strecke von 30 km im zehntausenten Teil einer Sekunde zurückgelegt wird; und das würde sich infolge der Erdbewegung nach dem Additionsprinzip (wenn es einmal als hier gültig angenommen wird) wieder nur um einen kleinen Bruchteil ändern, nämlich wiederum nur um den 10000. Teil. So feine Zeitmessungsmethoden gibt es aber auch nicht entfernt, das ganze Unternehmen ist also aussichtslos. Deshalb hat man, um trotzdem die Lichtgeschwindigkeit auf der Erde messen zu können, zu dem Auskunftsmittel gegriffen, daß man den Lichtstrahl durch eine möglichst große Strecke verschickt und dann mittelst eines Spiegels wieder zurückholt. Man kann dann verschiedene Methoden anwenden, um die Zeit zu ermitteln, die das Licht zu Weg und Rückweg gebraucht hat, z. B. (vgl. oben) ein so rasch rotierendes Zahnrad, daß der Lichtstrahl, der auf dem Hinwege durch eine Zahnlücke hindurchschlüpfte, auf dem Rückwege schon auf einen Zahn stößt und abgefangen wird, so daß der Beobachter nichts sieht; und bei doppelter Umdrehungsgeschwindigkeit des Zahnrades wird er dann auf die nächste Lücke treffen, und der Beobachter sieht wieder etwas; aus der vom Licht durchmessenen Strecke, der Drehungsgeschwindigkeit und der Zahl der Zähne des Rades kann man dann offenbar die Lichtgeschwindigkeit ermitteln.

Nun wenden wir unsere Betrachtungen an auf die auf ihrer Bahn fortschreitende Erde. Auf dem Hinwege (in der Richtung der Erdbewegung) braucht das Licht, wie wir annehmen müssen, mehr Zeit, als wenn die Erde ruhte, weil die Erde und mit ihr der am Ende der Strecke aufgestellte Spiegel vor dem Strahl zurückweicht, also später erreicht wird; auf dem Rückwege braucht es weniger Zeit als auf der ruhenden Erde, weil der Beobachter ihm entgegenkommt, also früher erreicht wird; man wird vielleicht annehmen, daß sich diese beiden Wirkungen grade aufheben, daß man also gar nichts befonderes beobachten wird. Das ift nun zwar nicht richtig, es kommt eine kleine Differenz heraus, aber fie ift von der zweiten Größenordnung. Um das einzufehen, bedenken wir, daß eine Gefchwindigkeit ein Bruch ift, in deffen Zähler die Strecke s, in deffen Nenner die dazu erforderte Zeit t fteht, alfo, wenn c die Lichtgefchwindigkeit ift: c = s/t, und das nach t aufgelöft ergibt: t = s/c; die Zeit ift gleich der Strecke dividiert durch die Gefchwindigkeit; und in unferm Falle, für Hin= und Rückweg: t = 2 s/c. Wenden wir nun das Additionsprinzip an, fo bekommen wir, wenn v wieder die Erdgefchwindigkeit ift, für die Zeit, die der Hinweg erfordert: $t_1 = s/(c - v)$, und für den Rückweg $t_2 = s/(c + v)$, im ganzen alfo

$$T = \frac{s}{c - v} + \frac{s}{c + v},$$

und diefe Summe ift nicht gleich 2 s/c, fondern größer (fo ift z. B. $\frac{1}{4} + \frac{1}{6}$ nicht gleich $\frac{2}{5}$, fondern etwas größer); und durch eine kleine Umrechnung erhält man den wahren Wert:

$$T = \frac{2\, s/c}{1 - v^2/c^2} = \frac{t}{1 - b^2}.$$

Die Zeit T, die der Lichtftrahl auf der bewegten Erde braucht, um Hin= und Rückweg zu durchfchneiden, ift alfo größer als die Zeit t, die er auf der ruhenden Erde brauchen würde; aber die Differenz ift von der zweiten Ordnung; fie ift fo klein, daß auch die Zahnradmethode und ebenfo alle andern, etwa anwendbaren Methoden verfagen würden. Genügend empfindlich ift einzig und allein die Interferenzmethode; und um diefe anzuwenden, muß man Strahlen beobachten, die auf verfchiedenen Wegen von der Lichtquelle zu der gleichen Beobachtungsftelle gelangen.

Das erreicht nun Michelfon dadurch, daß er zu dem in der Richtung der Erdbewegung und zurück laufenden Strahl einen zweiten fügt, der quer zur Erdbewegung hin= und herläuft; beide Strahlen natürlich urfprünglich von derfelben Quelle ausgehend und beide zum Beobachter gelangend; die Figur zeigt die Anordnung: q Quelle, p halb spiegelnde, halb durchlässige Platte unter 45 Grad, $s_1$ und $s_2$ Spiegel, f Fernrohr. Die beiden Strecken $ps_1$ und $ps_2$ sind gleich lang. Aber unsere Figur entspricht ja gar nicht den wirklichen Verhält=nissen, sie bezieht sich auf die ruhende Erde; infolge der Erdbewegung wird der Strahlengang ein ganz andrer, und zwar für jeden der beiden Strahlen auf seine Weise. Für den Strahl, der in der Richtung der Erdbewegung und zurück läuft, erhält man offenbar die Figur 17a; p und $s_1$ beziehen sich auf den Moment, wo der Strahl von p abgeht, p' und $s_1'$ auf den Moment, wo er beim Spiegel ankommt, p'' auf den Moment, wo er zur Platte zurück=

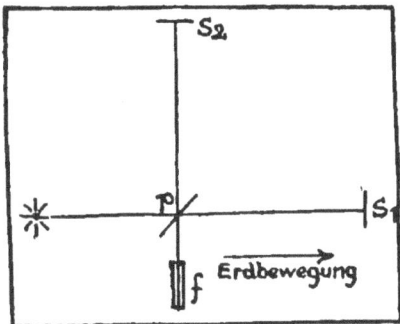

Abb. 16

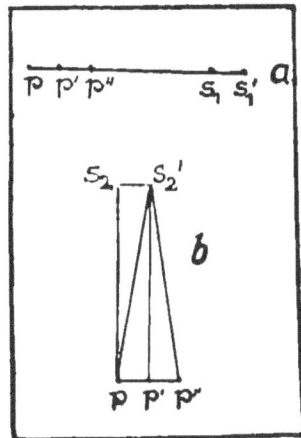

Abb. 17

lehrt; das Ergebnis haben wir ja schon ausgerechnet. Der andre Strahl, senkrecht zur Erdbewegung, verhält sich aber ganz anders (Figur 17b): infolge der Erdbewegung, an der er teilnimmt, und an der auch der Spiegel $s_2$ seinerseits teilnimmt, beschreibt er hinzu den Weg $ps_2'$ und rückzu den Weg $s_2p''$; und diese Wege lassen sich nach dem pythagoräischen Satze leicht ausrechnen, nämlich:

$$(ps_2')^2 = (ps_2)^2 + (s_2s_2')^2;$$

Nun ist aber $ps_2 = s$ und ferner $ps_2' = ct_1$, $s_2s_2' = vt_1$; es wird also

$$c^2 t_1^2 = s^2 + v^2 t_1^2,$$

und dies nach $t_1$ aufgelöft gibt

$$t_1 = \frac{s}{c} \frac{1}{\sqrt{1 - b^2}};$$

und da der Rückweg $s_2' p''$, also auch die für ihn erforderte Zeit $t_2$ ebenjolang ist, erhält man für den Hin= und Rückweg:

$$T = \frac{2s}{c} \cdot \frac{1}{\sqrt{1 - b^2}} = \frac{t}{\sqrt{1 - b^2}}.$$

Das ist aber nicht dasselbe wie für den Weg in der Längsrichtung; nennen wir diese Zeit $T_{\|}$, die soeben gefundene $T_{\perp}$, so erhalten wir somit eine Differenz

$$T_{\|} - T_{\perp} = \frac{t}{1 - b^2} - \frac{t}{\sqrt{1 - b^2}}$$

oder, umgerechnet und dabei alle Größen, die von höherer als zweiter Ordnung sind, vernachläffigt:

$$T_{\|} - T_{\perp} = t(1 + b^2) - t(1 + \tfrac{1}{2}b^2) = t \cdot \frac{b^2}{2};$$

also auch hier wieder ein Unterschied zweiter Ordnung. Aber jetzt läßt sich die Interferenzmethode anwenden, und diese hat Michelson in seinem Interferometer so erstaunlich fein ausgebildet, daß man eben Größen zweiter Ordnung noch sehr gut messen kann. Der Appa= rat wurde nun einmal mit dem einen, dann mit dem andern Arm in die Bewegungsrichtung der Erde gestellt; dabei hätten sich die Interferenzstreifen nach rechts oder links verschieben müssen, und zwar um so viel, daß man noch den hundertsten Teil davon hätte merken müssen. Das Ergebnis war aber völlig negativ: keine Spur von Verschiebung, es ist einfach $T_{\|} = T_{\perp}$. Der Äther wird offenbar vollständig mitgenommen, von einem Ätherwinde ist keine Spur wahr= zunehmen, auch nicht in Größen zweiter Ordnung. Die Lichtgeschwindig= keit ist von der Erdbewegung unabhängig, und es gibt keinerlei Mittel, um ein bewegtes System von einem ruhenden zu unterscheiden. Noch anders und am eindringlichsten ausgedrückt: das Additionsprinzip ist nicht mehr gültig, die Lichtgeschwindigkeit nimmt nicht um die Bewegungsgeschwindigkeit des Mediums zu oder ab (je nachdem die beiden Richtungen entgegengesetzt oder übereinstimmend sind), auch nicht um einen Bruchteil des Betrages, um den sie nach dem Additionsprinzip sich ändern sollte, sie ist grade zu konstant. Die Lichtgeschwindigkeit ist eine absolute Invariante, sie ist eine oder, noch besser gesagt, die universelle Konstante des Naturganzen. Man muß sich klar machen, was das alles heißt, und daß hiermit die Grundregeln der Mathematik über den Haufen geworfen werden. Denn wenn man einerseits die Forderung der Vernunft und andrerseits die Tatsachen sprechen läßt, erhält man die sich selbst widersprechende Gleichung: $c + v = c$ oder $c - v = c$! Und zwar tritt dieser Widerspruch erst hier, bei der Lichtgeschwindigkeit und ihrem Träger, dem Äther, auf; denkt man sich einen entsprechenden Versuch mit Schallstrahlen und Luft angestellt, so würde man ein positives Resultat erhalten und zwar eines, das dem Additionsprinzip genau entspricht. Es muß also irgend etwas in der ganzen Angelegenheit des Lichts und des Äthers unstimmig sein, und es kommt darauf an, diese Unstimmigkeit aufzudecken.

Den ersten, sehr bedeutsamen und geistreichen, aber schließlich doch unbefriedigenden Versuch in dieser Richtung hat Lorentz, der große holländische Theoretiker, gemacht. Er sagte sich: wenn die Rechnung nicht stimmt, so müssen eben irgendwelche Annahmen, die in betreff der in die Rechnung eingehenden Größen gemacht wurden, und seien es auch noch so selbstverständliche, falsch sein; es darf eben nichts in der Welt als „selbstverständlich" angesehen werden. Und da Lorentz die alte Anschauung über Raum und Zeit, über Materie und Äther, nicht anzutasten wagte, blieb nur eine einzige Ausflucht: die beiden Lichtwege, der eine in der Bewegungsrichtung der Erde hin- und zurück, der andre senkrecht zu ihr hin und zurück, sind nicht, wie angenommen wurde, gleich lang, es ist nicht $s_{\parallel} = s_{\perp}$. Nun wird man sagen: aber sie wurden doch bei dem Aufbau des Apparates gleich gemacht, es wurde $ps_1$ und $ps_2$ mit einem Maßstab

ausgemessen und festgestellt, daß die beiden Spiegel in gleichem Abstande von p angebracht waren; der Sicherheit halber wird man sogar
einen und denselben Maßstab benutzt und ihn einmal an $ps_1$, dann
an $ps_2$ angelegt haben; und da es derselbe Maßstab war, ist doch das
Verfahren zweifelsfrei. Aber der Zweifel ist die Seele des Fortschritts,
und so stellte Lorentz die kühne Hypothese auf: der Maßstab, sagen wir
einmal ein Meterstab, hat, obgleich er einer und derselbe, aus demselben Holz oder Stahl ist, doch in den beiden Lagen nicht dieselbe
Länge. In der Querrichtung hat er zwar dieselbe Länge, die er hätte,
wenn die Erde ruhte; denn er schreitet ja mit allen seinen Punkten
parallel mit sich und in der Weise vorwärts, daß alle seine Punkte
dieselbe Querlinie gleichzeitig erreichen; aber in der Längsrichtung
liegen die Verhältnisse ganz anders, hier schreitet der Stab in sich
selbst vorwärts, und jeder seiner Punkte ist desto weiter, je weiter
vorn er im Stabe liegt. Die Lorentzsche Hypothese sagt also aus:
ein Stab, der sich quer zu seiner Längsrichtung bewegt, behält dabei
seine normale Länge; ein Stab dagegen, der sich in seiner eigenen
Richtung bewegt, ändert seine Länge. Es bleibt immer noch die
Frage, ob man annehmen solle, diese Änderung sei eine Verkürzung
oder eine Verlängerung; und darauf gibt unsere Formel die un-
zweideutige Antwort. Denn da in ihnen, gleiche Wege vorausgesetzt,
$T_{\parallel}$ größer als $T_{\perp}$ ist, in Wahrheit aber beide Zeiten, wie das Ausbleiben der Interferenzstreifen erweist, gleich sind, so muß $s_{\parallel}$ kleiner
als $s_{\perp}$ sein, und zwar in demselben Verhältnis, nämlich um den Bruchteil $\frac{1}{2} b^2$, oder, wie wir auch sagen können, im Verhältnis $\sqrt{1-b^2}$.
Dadurch gelangt man zu der Lorentzschen „Kontraktionshypothese“:
Jeder Körper, der sich relativ zum Äther mit der Geschwindigkeit v
bewegt, zieht sich in der Bewegungsrichtung um den Bruchteil $\frac{1}{2} b^2$
zusammen, wo $b = v/c$ ist, also im Falle der Erdbewegung ($b = {}^1/_{10\,000}$)
um den zweihundertmillionten Teil seiner Länge; bei rascherer Bewegung immer stärker, um schließlich bei Lichtgeschwindigkeit
($v = c, b = 1$) auf einen Punkt zusammenzuschrumpfen. Ein Maßstab wird also in dieser Weise verkürzt, eine Kugel wird

plattgedrückt (die Erde auf ihrer Bahn um die Sonne freilich nur um 6 cm!), und, wenn sie sich mit Lichtgeschwindigkeit bewegt, wird sie zur platten Scheibe.

Man wird nun fragen, was diese Hypothese für einen Sinn hat, und darauf ist keine befriedigende Antwort zu geben. Wir kennen ja Umstände, unter denen sich Körper zusammenziehen, z. B. durch elastische oder magnetische Kräfte; aber nach solchen Kräften sehen wir uns hier vergebens um; und auch die Betrachtung gewisser innerer elektrischer Spannungen, die man aus neueren Elektrizitäts= theorien ableiten könnte, führt zu keinem befriedigenden Verständ= nis. Es bleibt also dabei: die Bewegung als solche, und noch dazu eine gradlinig=gleichförmige Bewegung, also ein Trägheitsvorgang, soll die Kontraktion hervorrufen, während doch grade bei der Träg= heitsbewegung alles, also auch die Länge und die Gestalt, unver= ändert bleiben soll. Die Hypothese hat also gar keinen inneren Sinn, sie ist lediglich zu dem Zwecke gemacht, damit „es stimmt", damit das Ergebnis des Michelsonschen Versuchs verständlich werde; wird es wirklich durch eine an sich unverständliche Annahme verständlich? Gewiß nicht. Es handelt sich um einen Gewaltakt, der sich außerhalb der Gesetze stellt. Friß Vogel, oder stirb! Ein Bösewicht des Alter= tums hackte seinen Gästen, wenn sie für sein Gastbett zu lang waren, die Beine ab; wir sind hier etwas höflicher, wir drücken den Maß= stab nur zusammen, damit er passe; aber grundsätzlich kommt es auf dasselbe hinaus. Und wenn man weiter fragt, ob denn diese Kontraktion Tatsache sei, so muß man darauf antworten: das läßt sich auf keine Weise feststellen, weil jeder Maßstab, mit dem man die Veränderung messen wollte, sich in gleicher Weise mitändert. Also, die ganze Sache bleibt durchaus dunkel und unbefriedigend; und jedem, der uns etwas besseres bietet, werden wir gern Gehör schenken. Dabei ist es für uns, vom rückschauenden Standpunkte aus, höchst interessant zu sehen, wie nahe Lorentz daran war, selbst der Retter aus der Not zu werden; aber er kam nicht zum Ziel, weil er sich nicht entschließen konnte, den Äther und damit die Idee der absoluten Ruhe sowie der absoluten Begriffe von Raum und Zeit aufzugeben. Und so ist er nur als der, allerdings unschätzbare Vorläufer des wahren Retters anzusehen, und dieser heißt Einstein.

Übrigens haben sich dem Michelsonschen Versuche noch zahlreiche andere, teils optischen, teils elektrischen Charakters, angereiht, die sämtlich negativ ausfielen, d. h. keinen Einfluß der Bewegung gegen den Äther erkennen ließen. Wir können hier auf diese Arbeiten, insbesondere auf die zahlreichen elektromagnetischen Fragen, nicht eingehen; aber wir wollen die Gelegenheit benutzen, um unsre Lichttheorie etwas mehr auszugestalten und dadurch die Physik des Äthers zu vereinheitlichen.

## 17

Wir haben uns aus zwingenden Gründen gegen die Fernwirkungstheorie und gegen die Emissionstheorie, aber für die Undulationstheorie des Lichtes entschieden. Das heißt, wir legen den Lichterscheinungen Schwingungen des Äthers zugrunde, die sich, während der Äther selbst wesentlich am Orte bleibt (oder, in bewegten Medien, teilweise mitgenommen wird) im Raume als Wellen fortpflanzen, grade wie die Schallwellen in der Luft sich ausbreiten, während ihr Träger, die Luftteilchen, von ihren kleinen Schwingungen abgesehen, am Orte bleiben (oder mit dem Winde ein wenig mitgeführt werden). Beim Schall handelt es sich hierbei um elastische Schwingungen, und so hat man auch dem Äther Elastizität beigelegt und auf ihr die Lichterscheinungen aufgebaut. Aber dabei ist man im Laufe der Zeit auf unüberwindliche Widersprüche und Schwierigkeiten gestoßen. Nun gibt es noch Wellen ganz andrer Art, nämlich elektrische Wellen, die man zuerst beobachtet hat, indem man in eine Telegraphenleitung einen kurzen Stromstoß sandte und beobachtete, wie er die Leitung als „Einzelwelle" durchläuft; man konnte auf diese Weise auch die Fortpflanzungsgeschwindigkeit bestimmen und fand, nach Beseitigung mehrerer Schwierigkeiten, als normalen Wert 300000 Kilometer in der Sekunde, also genau denselben Wert wie die Geschwindigkeit des Lichts. Wie aber, wenn die elektrischen Schwingungen, z. B.

die zwischen zwei periodisch entgegengesetzt geladenen Kügelchen
(die man an den in der Luftstrecke zwischen ihnen auftretenden Fünk=
chen erkennt) sich durch die Luft ausbreiten? Hier ist die direkte Er=
mittelung der Fortpflanzungsgeschwindigkeit undurchführbar, und
es muß ein andrer Weg eingeschlagen werden. Das geschieht, in=
dem man die fortschreitenden Wellen in stehende umwandelt, etwa wie
die Schwingungen einer Saite, und indem man nun die sogenannten
Knoten und Bäuche feststellt, d. h. die Stellen, wo die Schwingungs=
weite null oder am größten ist; eine Welle reicht dann von einem
Knoten zum nächsten Bauch, nächsten Knoten, nächsten Bauch und
nächsten Knoten. Aber die Wellenlänge ist, bei fortschreitenden Wellen
grade die Strecke, um die sich die Welle fortpflanzt in der Zeit,

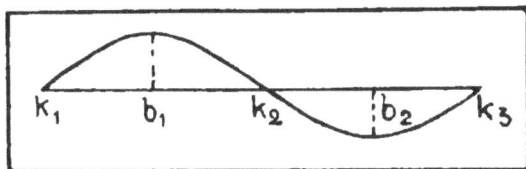

Abb. 18

in der der Ausgangspunkt eine Schwingung ausführt; und da die
Fortpflanzungsgeschwindigkeit das Verhältnis der Strecke zur Zeit
ist, kann man aus der bekannten Frequenz der Schwingungen und
der mit Hülfe kleiner Funkeninduktoren ermittelten Entfernung
zwischen dem ersten und dem dritten Knoten die Fortpflanzungs=
geschwindigkeit berechnen. Auch hier findet sich wieder die alte Zahl.
Die elektrischen Schwingungen wirken also in die Ferne nicht, wie
man früher annahm, zeitlos und unmittelbar, es handelt sich nicht
um eine „Fernwirkung“ (wie bei der Gravitation), sondern um eine
regelmäßige und durchaus bestimmte Wellenbewegung. Und da
deren Geschwindigkeit mit der des Lichts übereinstimmt, liegt es
nahe zu sagen, auch das Licht sei eine elektrische oder, allgemeiner
gesprochen (weil auch magnetische Kräfte ins Spiel treten) eine

elektromagnetische Wellenbewegung, nur von viel größerer Frequenz
der Schwingungen und folglich viel kleinerer Wellenlänge, als man
sie mit elektrischen Maschinen erzeugen kann, nämlich von so großer
(resp. kleiner), daß das Auge sie als Licht wahrnimmt. Das ist die
elektromagnetische Theorie des Lichts, begründet und gefestigt durch
die genialen Arbeiten von Faraday, Maxwell und Hertz. Dabei
nahm man als Träger der Wellenbewegung, auch der langsameren,
den Äther an, und so ergab sich als Gegenstück zur mechanischen Phy=
sik eine Ätherphysik.

Jetzt ist uns nun der Äther, so ausgezeichnete Dienste er für
den Fortschritt unserer Erkenntnis geleistet hat, unbequem geworden,
er benimmt sich ungebärdig; bald müssen wir ihn als ruhend, bald
als mehr oder weniger mitbewegt ansehen und zwar in verschiedenen
Fällen in verschiedenem Maße, z. B. für langsame elektromagnetische
Wellen anders wie für rasche Lichtwellen, und bei letzteren wieder
in verschiedenen Körpern und für verschiedene Farben verschieden=
artig. Und vor allem: Er ordnet sich nicht den mechanischen Ge=
setzen unter, er erfüllt nicht das Additionsprinzip, und er ist nicht
vereinbar mit der Tatsache der in allen Fällen gleichen Lichtgeschwin=
digkeit, ob nun das Medium ruht oder sich bewegt. Man möchte
ihn daher gern abschaffen: der Mohr hat seine Arbeit getan, der
Mohr kann gehn. Nur weiß man nicht, wodurch ihn ersetzen! Denn
wenn man ihn überhaupt durch etwas andres, durch eine andre
Realität ersetzt, kommt man ganz sicher aus dem Regen in die Traufe.
Man ist in der Lage der Hausfrau, die schon mehrmals das Dienst=
mädchen durch ein andres ersetzt hat, aber dadurch über den fort=
währenden Ärger nicht hinweggekommen ist, und sich schließlich zu
dem Entschluß aufrafft: ich werde gar kein Mädchen mehr halten,
ich werde mir jetzt alles selber machen. Das ist schön und entschlossen,
aber was bedeutet es in unserm Falle?

Der Mensch, und nicht bloß der Laie, sondern auch der Gelehrte,
liebt die Anschauung, sie ist ihm die höchste Erfüllung des Genießens
und Begreifens. Das ist nun ganz selbstverständlich da, wo diese

Anschauung wirklich ist, wo es sich um leibhaftige Bilder handelt, gleichviel ob es Bilder für das Auge oder für das Ohr, für den Tast-sinn oder das Wärmegefühl, für Geruch oder Geschmack sind. Aber auch da, wo die Anschauung in der Wirklichkeit fehlt, schafft er sich eine solche; er macht sich ein Bild von einem unbildlichen Dinge, von einem unbildlichen Geschehnis. Das beweist die Kunst, insbe-sondere die expressionistische, das beweist die Sprache, die mit bild-lichen Ausdrücken durchsetzt ist. Ein solches Bild ist der Äther. Man kann ihn, wenn auch, wie wir sahen, nur sehr künstlich, als eine Art Substanz auffassen, man kann sich ihn als Träger der Erscheinungen, soweit sie nicht restlos durch die wirkliche Materie erfaßt werden können, vorstellen. Aber haben wir nicht ein viel einfacheres Bild für die Erscheinungen, und noch dazu ein wirkliches Bild? Ich denke, ja. Ist es doch gradezu die Grundlage unserer Erkenntnis, unserer An-schauung: es ist der Raum. Warum benutzt man nicht diesen Raum selbst als Bild, als Träger der Erscheinungen, und zwar aller Er-scheinungen, der mechanischen wie der „ätherischen" (um sie kurz so zu nennen)? Das hat einen ganz eigentümlichen Grund: die Scheu vor dem geheiligten Begriffe des Raumes, den man sich von der Philosophie herübergenommen hat, und den man deshalb nicht physikalisch zu mißbrauchen wagt. Aber ist es denn ein Mißbrauch, wenn man etwas, was im abstrakten Reiche der Form thront, belebt, durchgeistigt und zu einer Wirklichkeit macht? Wer ist der größere Herrscher, der Mikado des alten Japan, den niemand sehen, ge-schweige denn sprechen durfte, oder der alte Fritz, dem der Pots-damer Müller einen Prozeß abgewann? Also: Verweltlichen wir den Raum, machen wir ihn selbst zum Träger aller Dinge, und wir brauchen den Äther nicht mehr. Freilich, hier scheiden sich die Geister, die Anhänger des substantiellen Bildes auf der einen, die Liebhaber der Abstraktion auf der andern Seite. Jene können sich mit dem Raum als etwas wirklichem nicht oder noch nicht befreunden, sie sagen, etwas so totes wie der Raum könne nicht Träger des lebendigen Geschehens sein. Aber das ist ein Mißverständnis. Eben dadurch, daß der Raum aus einem philosophischen zu einem physikalischen Gebilde wird, ist er nichts totes mehr, wird er etwas im höchsten Maße lebendiges. Einen solchen lebendigen, von Kräften durchsetzten Raum nennt man, wie wir schon wissen, ein „Feld"; und wir haben es hier mit den beiden bedeutsamsten derartigen Feldern zu tun: dem Gravitationsfeld für die Phänomene der Massenbewegung und dem elektromagnetischen Feld für die Phänomene der Wellenbewegung oder „Strahlung". Es ist ja richtig (um diesem Bedenken zu begegnen), daß eine derartige Zweiheit dem Ernst unsres Vorhabens nicht ganz entspricht, wir möchten ein einziges und für alles Geschehen maßgebendes Feld haben; aber wer weiß, ob uns nicht auch diese Vereinheitlichung noch gelingt?

## 18

Der Raum ist also jetzt etwas durchaus reales, etwas physisches. Aber halt, wie steht es mit der andern „Form" unserer Anschauung, mit der Zeit? Wir haben doch schon bei unsern mechanischen Betrachtungen Raum und Zeit zusammengefaßt zu einer vierdimensionalen Mannigfaltigkeit, in der die Zeit keine andre Rolle spielt als jede der drei Raumkoordinaten. Nur haben wir für beide verschiedene Meßapparate: für Strecken Maßstäbe, für Zeiten Uhren. Wenn man nun das Additionsprinzip anwendet, so setzt man voraus, daß in beiden Systemen, in dem ruhenden und in dem bewegten, mit demselben Maße gemessen wird, d. h. daß die Längeneinheit und die Zeiteinheit in beiden den gleichen Wert hat. Nun aber zeigt die Erfahrung, daß das Additionsprinzip nicht gilt, daß vielmehr die Lichtgeschwindigkeit in beiden Systemen denselben Wert hat; und das führt zwingend zu dem Schlusse, daß dann eben Längen- und Zeit=Maße in den beiden Systemen verschieden sind. Es gibt also keinen absoluten Maßstab und keine absolute Uhr, Raumstrecke und Zeitstrecke sind relative Begriffe und in jedem System andre; und zwar derart, daß keines dieser Systeme eine ausgezeichnete Rolle spielt, z. B. als das „absolut ruhende" System; nein, alle Sy=

fteme find gleichberechtigt, jedes tann feine Maßftäbe und Uhren als die richtigen anfehen und die andern als falfch. Deranfchau= lichen wir uns das zunächft an einem grob mechanifchen Falle, indem wir gewöhnliche Maßftäbe aus Holz und gewöhnliche Uhren, auf Federtraft beruhend, benußen.

Faffen wir zunächft ein Ergebnis ins Auge, das fich an einem beftimmten Orte abfpielt; dann tönnen wir ohne weiteres mit der Uhr den Zeitpunkt feftftellen, in dem das Ereignis beginnt (diefer Zeitpunkt ift natürlich, wie wir längft wiffen, relativ) und ebenfo den Zeitpunkt, in dem es aufhört (ebenfo relativ); durch Subtraktion betommen wir dann die Dauer des Ereigniffes, und diefe ift abfo= luten Charatters. Das feßt nur voraus, daß der Beginn des Dor= ganges und der anfängliche Stand der Uhr „gleichzeitig" find, und ebenfo das Ende des Dorganges und der Endftand der Uhr; aber diefe Gleichzeitigteit ift felbftverftändlich. Wie aber fteht es mit der Gleichzeitigteit zweier an verfchiedenen Orten ftattfindenden Ereigniffe? Wenn die beiden Orte einem und demfelben ruhenden Syftem angehören, ift die Sache auch jeßt noch einfach: in den beiden Puntten A und B, wo die Ereigniffe ftattfinden, hat man Uhren, die man vorher miteinander verglichen und gleichgeftellt hat. Im Augenblick des Ereigniffes in A trägt man die Uhr, auf der man feinen Zeitpunkt abgelefen hat, nach dem Puntte B, tommt dort nach der Zeit t an und erfährt dort, daß feit der Beobachtung des Ereigniffes bereits die Zeit t vergangen fei; dann waren die beiden Ereigniffe gleichzeitig. Wie aber, wenn fich das ganze Syftem grad= linig=gleichförmig bewegt? Da wollen wir einen etwas verwidelteren Fall betrachten, der uns zugleich den Dorteil bietet, das Michelfon= fche Experiment an einem mechanifchen Modell nachzuahmen.

Eine Armee fei in ein Zentrum, eine Dorhut, eine Nachhut und zwei Seitenkolonnen aufgelöft und zunächft in Ruhe; alle Neben= huten feien 20 km vom Zentrum entfernt. Ein Bote, der eine Mel= dung übermittelt und in der Stunde 5 km zurüdlegt, braucht dann vier Stunden bis zur Nebenhut; gehen die vier Boten gleichzeitig

ab, so kommen sie gleichzeitig vorn, hinten, rechts und links an und
dann auch gleichzeitig wieder zurück, nämlich nach acht Stunden.
Mit Hilfe dieser Boten können die Nebenhuten ihre Uhren nach der
Hauptuhr richten, indem sie zur Abgangszeit des Boten vier Stunden
hinzufügen. Setzt sich die ganze Armee mit 3 km=Stundengeschwin=
digkeit in Marsch, so verändert sich alles: der Bote nach vorn nähert
sich jetzt der Vorhut in der Stunde nur um 2 km, er braucht also 10
Stunden, um sie zu erreichen; auf dem Rückwege braucht er aller=
dings, da er sich in der Stunde um 8 km dem Zentrum nähert, nur
2 $\frac{1}{2}$ Stunden, im ganzen aber immerhin 12 $\frac{1}{2}$ Stunden (statt 8);
und ebensoviel Zeit braucht der Bote nach hinten. Auch der Bote
nach links bleibt länger aus; denn er muß, wenn er die Nebenhut
auf gradem Wege erreichen will, in der Diagonale gehen, und zwar
legt er in einer Stunde die 5 km lange Hypotenuse eines Dreiecks
zurück, dessen Kathete in der Längsrichtung 3, dessen Querkathete
somit nach dem Pythagoras 4 km mißt (denn dann stimmt es:
$3^2 + 4^2 = 5^2$); er kommt also, rein quer, nur 4 km vorwärts und
braucht somit 5 Stunden, ebensoviel für den Rückweg, also im ganzen
10 Stunden, also zwar mehr als im Ruhezustande der Truppe, aber
weniger als der Bote nach vorn, und zwar im Verhältnis 10 : 12$\frac{1}{2}$
oder 4 : 5. Sollen alle Boten, die gleichzeitig abgegangen sind, auch
gleichzeitig zurückkehren, so muß die Vorhut und die Nachhut näher
herangezogen werden, und zwar von 20 auf 16 km; denn dann braucht
der Bote nach vorn für den Hinweg 8, für den Rückweg 2,
im ganzen also, grade wie der Bote zur Seitenhut, 10 Stunden.
Wie ist es nun unter diesen Umständen mit der Zeitrechnung
bestellt? Das kommt ganz darauf an, wie man die Uhren stellt.
In den Seitenkolonnen ist das ohne weiteres klar: dort fügt
man zur Abgangszeit, wie sie der Bote angibt, 5 Stunden hinzu
und hat dann die richtige Zeit. Bei der Vorhut aber kann man
entweder nach der Angabe des Boten verfahren und 8 Stunden
hinzurechnen, man hat dann, sozusagen, absolute Zeit; oder
man folgt einem allgemeinen Befehl des Kommandanten im

Zentrum und fügt nur 5 Stunden hinzu, wie es bei der Seiten-
kolonne geschieht; dann hat man sozusagen relative Zeit, und diese
geht bei der Vorhut um 3 Stunden gegenüber der bei der Seitenhut
nach, ebenso bei der Nachhut vor. Geht etwa jeder Bote um 12 Uhr
mittags ab, so trifft er bei dieser Uhrenregulierung bei jeder der
vier Nebenkolonnen um 5 Uhr nachmittags ein, und um 10 Uhr
abends sind alle wieder im Zentrum. Es wird also der Anschein
erweckt, als brauche jeder Bote zum Hinwege dieselbe Zeit wie zum
Rückwege; es ist also das Additionsprinzip ausgeschaltet, es ist alles
wie im Ruhezustande, nur mit zwei, freilich sehr merkwürdigen Unter-

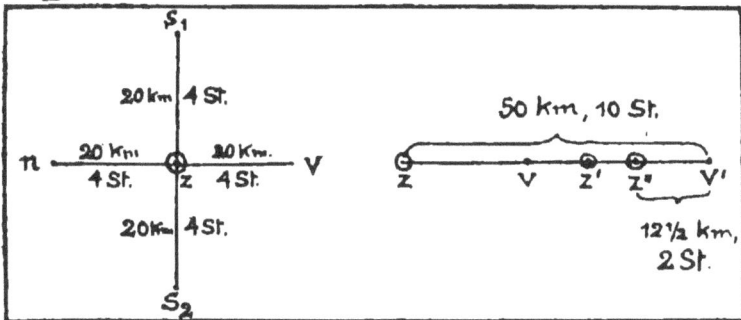

Abb. 19

schieben: erstens ist der Längsabstand kleiner geworden, und zweitens
sind aus 4 Stunden 5 geworden, die Uhren gehen langsamer. (Es
bleibe dem Leser überlassen, festzustellen, daß auch für Boten von
einer der Nebenhuten zur anderen sich alles scheinbar normal verhält.) Das will also besagen: Wenn man das ´Additionsprinzip
ausschaltet, kommt man zu einer ganz neuen Raum=Zeit=Auffassung;
Strecke und Zeitdauer haben nicht mehr absolute Bedeutung, sie
sind vom Bewegungszustande abhängig, und zwar verkürzen sich
die Strecken in demselben Verhältnis wie sich die Zeiten vergrößern.
Nun, in einem solchen Falle, der hier nur durch eine gewaltsame
Unterdrückung des Additionsprinzips hergestellt wird, sind wir a

wenn wir die Boten durch Lichtstrahlen erseßen, tatsächlich, weil hier das Addititionsprinzip nicht gilt. Es folgt also automatisch, daß hier Raum- und Zeit-Größen in der angedeuteten Weise umgerechnet werden müssen.

Gehen wir also jeßt zu einem Falle über, wo wir die mechanischen Regulatoren, nämlich die Boten, durch Lichtsignale erseßen! Die Seitenkolonnen können wir jeßt, da sie nichts besonderes bieten, weglassen und uns auf zwei Punkte a und b beschränken, in deren Mitte das Zentrum z liegt; im leßteren sind zwei unter 45 Grad geneigte durchlässige und spiegelnde Platten angebracht, so daß ich die von a und b eintreffenden Lichtsignale beobachten kann, ohne doch zu verhindern, daß sie nach b bzw. a weiterlaufen. In a und b befinden sich Beobachter und Uhren, und es handelt sich zu-nächst darum, diese aufeinander einzustellen, nämlich so, daß sie zu gleicher Zeit gleiche Zeigerstellungen aufweisen; denn nur da-durch können wir den Begriff der Gleichzeitigkeit von Ereignissen, die an verschiedenen Orten eintreten, festlegen. Zu diesem Zwecke beauftrage ich meine beiden Assistenten in a und b, in dem Augen-blicke, wo die Uhr eines jeden auf 12 steht, einen Lichtbliß auszu-senden; treffen diese gleichzeitig bei mir in z ein, so gehen die Uhren richtig, andernfalls muß die eine von ihnen so lange verstellt werden, bis der Erfolg erreicht ist. Natürlich müssen wir ungeheure Verhält-nisse annehmen, damit die Methode empfindlich werde, also Strecken, für die das Licht Minuten oder Stunden braucht. Aber der Einfach-heit halber wollen wir eine vergleichsweise viel kürzere Strecke, nämlich 300000 km wählen, so daß das Licht von a nach b in einer, nach z sogar in einer halben Sekunde gelangt. Nun nehmen wir zu dem bisher betrachteten System S ein zweites S′ hinzu, mit der Festseßung, daß sich diese beiden Systeme gegeneinander gradlinig-gleichförmig bewegen sollen; etwa mit einer Geschwindigkeit von 100000 km (ein drittel Lichtgeschwindigkeit). In diesem zweiten System, das ganz ebenso wie das erste ausgerüstet ist, regulieren wir die Uhren genau wie im ersten. Daß die beiden Systeme sich relativ zueinander bewegen, macht ja für jedes von ihnen, für sich betrachtet, gar nichts aus. Nun aber wollen wir in beiden Systemen gleichzeitig Beobachtungen anstellen, ich mit zwei Assistenten in S, ein andrer Beobachter mit zwei Assistenten in S'; ich halte mein System für ruhend, der andre das seinige; ich halte das seinige für bewegt, er das meinige. Ich möchte nun erreichen, daß ich auch durch seine Spiegel, und er auch durch meine beobachten kann, was natürlich nur dann geht, wenn z und z' sich grade gegenüberstehen; wann müssen dann die Lichtsignale aus a und b abgesendet werden? Da lautet nun die Antwort offenbar so: wenn sie gleichzeitig ab= gesendet werden (gleichzeitig im Sinne des Systems S), erblicke ich sie zu verschiedenen Zeiten; und damit ich sie gleichzeitig erblicke, müssen sie zu verschiedenen Zeiten abgesandt werden, nämlich das= jenige früher, welchem das System, von mir aus gesehen, entgegen= kommt; und umgekehrt wird der andre Gleichzeitigkeit feststellen, wenn das andre Signal früher abgelassen wird; denn was für mich ein Entgegenkommen ist, ist für ihn ein Davonlaufen. Kurzum: Gleichzeitigkeit in einem System bleibt nicht solche in dem andern, relativ zu ihm gleichförmig=gradlinig bewegten System. Gleich= zeitigkeit ist kein absoluter, sondern ein relativer Begriff. Dasselbe gilt aber auch von der Zeitdauer, also von der Gleichzeitigkeit eines Ereignispaares, verglichen mit der Gleichzeitigkeit eines andern Ereignispaares. Das folgt ja schon aus dieser Ausdrucksweise, weil hiernach eine Zeitdauer sich auf Zeitpunkte zurückführen läßt; man kann es sich aber noch besonders klar machen, indem man Licht= signale, die von a nach b gesandt werden, vom System S' aus be= trachtet; das mag dem Leser überlassen bleiben. Schließlich wird durch die Relativierung der Gleichzeitigkeit auch die Relativität der Strecke von neuem verständlich, weil ich ihre beiden Enden nicht in bezug auf beide Systeme „gleichzeitig" beobachten kann, in der Zwischenzeit aber sich der Ort in dem einen System relativ zum andern verändert hat.

Alle diese und viele ähnliche „Gedankenexperimente" leiden ja, das muß man gestehen, an unvermeidlichen Mängeln, in unserm Beispiele namentlich daran, daß die beiden Beobachter gar nicht oder doch nur einen einzigen Augenblick lang in den Spiegel des andern hineinschauen können. Und in noch höherem Maße gilt das von den zahlreichen „Modellen", die man mit Hilfe von Maßstäben, Uhren und Bewegungsmechanismen ausgeführt hat, und die die Relativität der Strecken, der Zeitpunkte und der Zeitdauern anschaulich machen sollen. Für den nachdenklichen Leser sind sie aber auch durchaus entbehrlich; denn er wird das Ergebnis, auf das es ankommt, grund-sätzlich erfaßt haben; und er wird an der Hand der exakten Betrachtung, die wir nunmehr anstellen wollen, das, was ihm an Sicherheit und Klarheit der Vorstellung noch fehlt, ergänzen können; Betrachtungen, die wir naturgemäß in das mathematische Gewand kleiden müssen, aber in ein so schlichtes und durchsichtiges, daß es dem Leser, auch dem weniger vorgebildeten, möglich sein wird, mindestens eine allgemeine Vorstellung vom Sinn des Unternehmens zu gewinnen.

## 19

Die im mechanischen Teile unserer Betrachtungen aufgestellte Galilei-Transformation, die den Übergang von einem Systen S zu einem andern, gegen jenes mit der Geschwindigkeit v gradlinig-gleichförmig bewegtes System S' bewerkstelligt, lautet, wenn man die uns nicht besonders interessierenden y- und z-Koordinaten weg-läßt: $x' = x - vt$ und $t' = t$. Das charakteristische dieser Trans-formation ist, daß sich der Ort ändert, die Zeit aber ungeändert bleibt; der Ort wird durch sie relativiert, die Zeit aber behält ihren absoluten Charakter. Nach unseren, mit Rücksicht auf die ätherischen Erscheinungen veränderten Anschauungen hat das offenbar keine Berechtigung mehr, weil doch Ort ohne Zeit und Zeit ohne Ort gar nicht existieren. Mitgefangen, mitgehangen, heißt es, wie im Sprich-wort, so auch hier, und es kommt nur darauf an, das Strafmaß, das wir jedem der beiden Delinquenten zudiktieren, gerecht zu bemessen. Gerechtigkeit aber heißt hier, wie im menschlichen Leben: den Ge-

ſeßen gehorchen, und die beiden Geſeße, um die es ſich hier handelt,
ſind das Relativitätsprinzip und das Prinzip von der Konſtanz der
Lichtgeſchwindigkeit.

Wir haben früher die Geſchehniſſe in einem räumlich eindimenſionalen Syſtem auf ein ruhendes Koordinatenſyſtem bezogen, deſſen
x-Achſe nach rechts, deſſen t-Achſe darauf ſenkrecht nach oben läuft
Fig. 6). Bezogen wir dagegen die Geſchehniſſe auf ein gradlinig-
gleichförmig bewegtes Koordinatenſyſtem, ſo erhielten wir eine zur
x-Achſe ſchiefe t-Achſe (Fig. 8). Wir wollen nun bei der Vergleichung
zweier ſolcher Bezugsſyſteme lieber beide ſchiefwinklig nehmen, um
keines vor dem andern zu bevorzugen, es iſt ja tatſächlich keines von
ihnen ruhend, ſie ſind
eben relativ zueinander
bewegt. Wir erhalten
alſo, zunächſt für das eine
Syſtem, eine x- und eine
auf ihr ſchief ſtehende t-
Achſe. Nun denken wir
uns vom Nullpunkt Licht-
ſtrahlen ausgehend, in

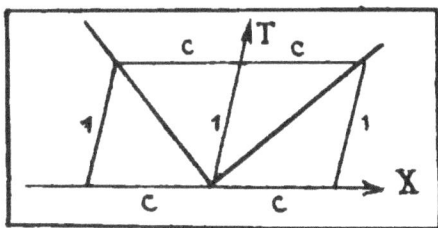

Abb. 20

Wahrheit räumlich nach allen Richtungen, aber bei unſerer Be-
ſchränkung der Zeichnung auf eindimenſionalen Raum nur nach rechts
und links. Dieſe Strahlen brauchen Zeit, jedem t entſpricht ein be-
ſtimmtes x, und immer, wenn t um 1 wächſt, wächſt x um c (Licht-
ſtrahlengeſchwindigkeit); wir erhalten alſo für den Lauf des Lichtſtrahls
(räumlich-zeitlich dargeſtellt) eine ſchräge, aber grade Linie zwiſchen
beiden Koordinatenachſen oder vielmehr zwei ſolche, eine ſchräg nach
rechts oben, und eine ſchräg nach links oben, jene dem nach rechts
laufenden, dieſe dem nach links laufenden Strahl entſprechend (es
iſt das einfach eine „graphiſche Darſtellung"). Wie groß wir das c
einzeichnen, iſt ja ganz willkürlich; wir wählen es ſo, daß die beiden
ſchrägen Graden aufeinander ſenkrecht ſtehen; das iſt offenbar
dann der Fall, wenn wir c Zentimeter ſo lang zeichnen wie

1 Sekunde; denn dann erhalten wir rechts wie links je ein Viereck mit vier gleichlangen Seiten, und in jedem von ihnen stehen die Diagonalen aufeinander senkrecht, also auch die nach rechts oben laufende des rechten auf der nach links oben laufenden des linken. Wählen wir statt des Systems x, t ein andres x', t' mit demselben Nullpunkt, aber andern Richtungen und anderm Winkel zwischen der Raum- und der Zeit-Achse (also relativ zum ersten bewegt), so bleiben doch die beiden Lichtachsen unverändert, denn sie entsprechen ja wirklichen Geschehnissen, nämlich dem Lauf der Lichtstrahlen. Diese beiden Achsen, die wir mit X und Y bezeichnen wollen, sind also ganz besonders ausgezeichnet, sie sind ein für allemal da, man kann über sie nicht beliebig verfügen; wir nehmen sie deshalb zu Haupt-Koordinatenachsen; es sind, sozusagen, nicht gewählte Achsen, sondern Achsen von Gottes Gnaden. Aber freilich haben sie keine so einfache Bedeutung wie die früheren, denn es ist nicht etwa die eine die Raumachse, wie x, die andre die Zeitachse wie t, sondern jede von ihnen ist Raum-Zeit-Achse; aber das ist ja grade das, was wir wollen: eine vollkommene Verschmelzung von Raum und Zeit. Dabei wollen wir unsere Zeichnung auch auf den Raum unterhalb der X-Achse ausdehnen, d. h. wir wollen nicht bloß zukünftige Geschehnisse ($t > 0$), sondern auch vergangene ($t < 0$) in den Kreis unserer Betrachtungen ziehen. Die X-Achse läuft von links unten nach rechts oben, der Y-Achse geben wir aus Zweckmäßigkeitsgründen ihren Lauf von links oben nach rechts unten. In diesem „absoluten" (d. h. nicht „konstitutionellen") Koordinatensystem hat nun jeder „Punkt" p oder, wie wir deutlicher sagen, jeder „Ereignispunkt" oder jeder „Weltpunkt" (denn er drückt ja nicht bloß den Ort im Raume, sondern den Zeitpunkt aus) seine bestimmten Koordinaten $\mathfrak{x}$ und y, die seine Lage bestimmen. Und es ist nunmehr auch leicht, diese Koordinaten durch x und t oder, was ja damit identisch sein muß, durch x' und t' auszudrücken:

$$\mathfrak{x} = x + ct = x' + ct' \qquad y = x - ct = x' - ct'.$$

Wenn man nun diese beiden Ausdrücke miteinander multipliziert, erhält man mit gleicher Berechtigung eine der beiden Formeln:

$$\xi y = x^2 - c^2 t^2 \qquad \xi y = x'^2 - c^2 t'^2;$$

denn das Bezugsſyſtem (das urſprüngliche, beliebig gewählte) iſt doch für die Lage des Punktes p im abſoluten Bezugsſyſtem gleichgültig. Nun bedeutet das Produkt $P = \xi \cdot y$ die Fläche des aus den Seiten $\xi$ und $y$ gebildeten Rechteds, und durch ſeine Lage in dem dem Nullpunkt diagonal gegenüberliegenden Edpunkte dieſes Rechteds wird der Punkt p gekennzeichnet. Alle Punkte, für die P denſelben Wert hat, haben etwas gemeinſames, ſie bilden eine Gemeinſchaft, und es läßt ſich leicht zeigen, wo, auf welcher Kurve die Punkte einer ſolchen Gemeinſchaft liegen. Denn je größer $\xi$ wird, deſto kleiner muß $y$ werden, und umgekehrt; die Kurve wird ſich alſo den beiden Achſen mehr und mehr nähern, ſie aber erſt in der Unendlichkeit erreichen. Eine ſolche Kurve heißt eine gleichſeitige Hyperbel; ſie iſt in der Fig. 22 dargeſtellt, und zwar mit

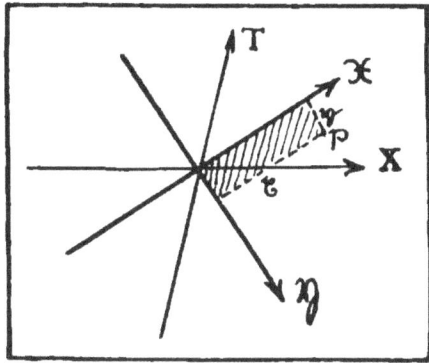

Abb. 21

ihren beiden Zweigen rechts und links, für den rechten iſt ſowohl $\xi$ wie $y$ poſitiv, für den linken beides negativ, für beide alſo das Produkt $\xi$ y poſitiv. Je nach dem Werte, den man dem Produkt P gibt, erhält man natürlich eine andre Hyperbel, und zwar liegen ſie ganz ähnlich wie die gezeichnete, nämlich rechts und links, ſolange jener Wert poſitiv, wie angenommen, bleibt; dagegen erhält man, wenn der Wert negativ iſt (alſo von den beiden Größen $\xi$ und $y$ die eine poſitiv, die andre negativ iſt) Kurven in den beiden oben und unten gelegenen Flächenräumen. In der Figur ſind alle vier Zweige gezeichnet, und zwar für den beſonderen Wert $P = 1$ oder $P = -1$. Dann erhält man ſofort anſchauliche Maßeinheiten für Streden und Zeiten. Denn auf der Linie OA iſt

7*

$t = 0$, also P nach den obigen Formeln gleich $x^2$; und da es andererseits gleich 1 ist, weil A auf der Kurve liegt, so ergibt sich: OA = 1; es stellt also OA (und ebenso OA') die Längeneinheit dar, also sagen wir: 1 km (denn wir haben es ja hier immer mit sehr großen Strecken zu tun). Und ebenso ist auf der Linie OB (oder OB') $x = 0$, also $P = - c^2 t^2 = - 1$, und somit $t = 1/c$; d. h. die Linie OB stellt eine neue Zeiteinheit dar, nämlich nicht eine Sekunde, sondern den dreihunderttausenden Teil einer Sekunde, also die Zeit, in der das Licht ein Kilometer zurücklegt. Man kann diese Hyperbeln als „Eichkurven" bezeichnen, weil durch sie die Maßeinheiten für Raum und Zeit festgelegt werden.

Jetzt haben wir also endlich erreicht, was uns schon bei den mechanischen Betrachtungen als ideales Ziel vorschwebte, aber unzugänglich blieb: ein Umrechnungsverhältnis von Zeiten in Strecken, gemäß der Formel

$$t = s/c.$$

Das Valutaverhältnis ist also einfach die Lichtgeschwindigkeit; und da diese eine universelle und absolute Konstante ist, ist damit die Aufgabe gründlich und frei von jeder Willkürlichkeit gelöst. Es bleibt dann nur noch jene andre, zur Vereinheitlichung des Weltbildes erforderliche Umrechnung übrig, die der Materie auf die Energie; aber wir haben schon jetzt eine leise Ahnung, daß auch hier die Lichtgeschwindigkeit sich in irgendeiner Form als Umrechnungsverhältnis durchsetzen wird.

Vorläufig bleiben wir bei dem gewonnenen Weltbilde stehen. Es ist zunächst ein rein formales Weltbild, ein Raum=Zeit=Bild, aber durch seine einheitliche Geschlossenheit allen früheren weit überlegen. Jede Weltlinie, die einen Hyperbelzweig $P = 1$ schneidet, kann als x=Achse des Bezugsystems genommen werden, die zugehörige t=Achse ergibt sich dann als die durch den Nullpunkt gezogene Parallele zu der in A an die Hyperbel gelegte Tangente. Und ebenso kann als t=Achse jede beliebige Weltlinie gewählt werden, wenn sie nur einen Hyperbelzweig $P = - 1$ schneidet; die zugehörige x=Achse

ergibt sich dann als Parallele zu der in B an die dortige Hyperbel
gelegte Tangente. Dieses Weltbild tritt also jetzt an die Stelle des
früheren (Fig. 7), bei dem alle x-Achsen miteinander zusammen-
fielen, die t-Achsen aber (bis auf eine einzige, für ein „absolut
ruhendes" System gültige) dazu schief standen. Jetzt sind beide Achsen,
die x- und die t-Achse, für jedes Bezugssystem andre, und sie stehen
alle schief aufeinander; dafür haben wir jetzt neue, absolute (wahr-
haft absolute) Achsen
gefunden: die ξ- und
y-Achse, abgeleitet aus
der Tatsache der kon-
stanten Lichtgeschwin-
digkeit. Nun muß aller-
dings folgendes bemerkt
werden. Unsrer Zeich-
nung liegen bestimmte
Maßstäbe       zugrunde,
nämlich 1 km für die
Strecken und 300000 km
für die Zeiten; wir wissen
ja, daß wir diese Maß-
stäbe mit voller Absicht
gewählt haben (es konn-
ten natürlich auch Zenti-

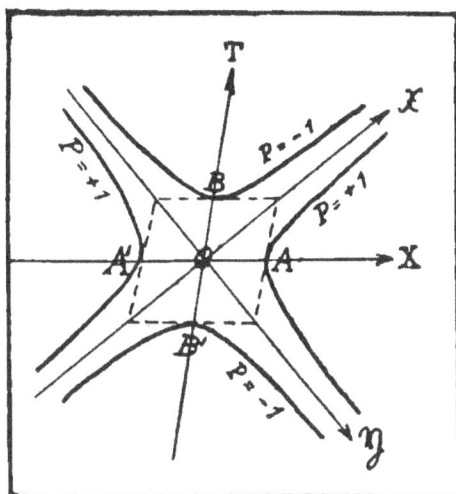

Abb. 22

meter statt Kilometer sein, nur auf das Verhältnis kommt es an). Wenn
wir nun einmal vergleichsweise die alten Maßstäbe nehmen, also Kilometer für die Strecken und Sekunden für die Zeiten, so bekommt die
Zeichnung ein ganz andres Antlitz. Dann schrumpft die t-Achse im Vergleich zur x-Achse ganz gewaltig zusammen, die beiden Lichtachsen
stehen nicht mehr senkrecht zueinander, sondern bilden einen ganz
spitzen Winkel miteinander, und ebenso werden die beiden Hyperbel-
zweige rechts und links haarnadelartig, und zwar alles das so stark,
daß man auf dem Papier überhaupt nichts sehen würde. Schon

wenn wir einmal annehmen, c wäre nur gleich 10 km, so würde sich statt des obigen Bildes das nebenstehende ergeben; für die wirkliche Lichtgeschwindigkeit würden in der Zeichnung die x=, die z= und die y=Achse praktisch gradezu zusammenfallen, und man erhielte wieder das Bild der klassischen Mechanik. Aber das ist ja eben der ungeheure Fortschritt, daß wir nicht in dieser willkürlichen Weise zeichnen, sondern im richtigen Umrechnungsverhältnis; und dann werden eben alle x=Achsen verschieden, und die Lichtachsen stehen aufeinander senkrecht. Unsere Betrachtung sollte also nur verständlich machen, warum man jahrhundertelang mit dem alten Bilde

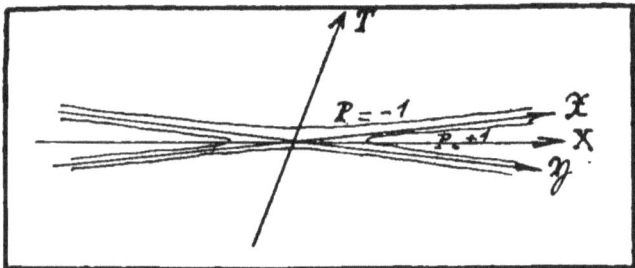

Abb. 23

ausgekommen ist; nämlich so lange, als man nur mit mechanischen Vorgängen oder mit solchen zu tun hatte, die gegenüber der Lichtgeschwindigkeit außerordentlich langsam sich abspielen. Erst in neuerer Zeit hat man teils den raschen Bewegungen der Himmelskörper, teils denen gewisser irdischer Erscheinungen, z. B. den äußerst rasch durch das Datuum einer Röhre sausenden Kathodenstrahlteilchen (Elektronen) seine Aufmerksamkeit geschenkt; und diesen gegenüber ist eben die Lichtgeschwindigkeit nicht unendlich groß, sondern durchaus vergleichbar; hier muß also in zwingender Weise die alte Zeichnung durch die neue ersetzt werden.

Bei alledem ist nun natürlich nochmals ins Gedächtnis zu rufen, daß unsere bildliche Darstellung insofern sehr eingeschränkt ist, als

sie doch von den drei Raumdimensionen nur eine einzige berücksichtigt. Es ist ja das insofern zunächst erlaubt, als ein bewegtes
System, insbesondere ein gradlinig bewegtes, tatsächlich nur eine in
Betracht kommende ausgezeichnete Richtung hat, nämlich die, in
der die Bewegung erfolgt, während die beiden andern Koordinaten
nur so nebenher laufen und uns nicht weiter interessieren. Aber für
allgemeinere Zwecke müßte man denn doch wenigstens zwei von den
Raumdimensionen berücksichtigen, und dann könnte man keine
Zeichnung in der Ebene
mehr entwerfen, oder
vielmehr nur eine per-
spektivische, grade wie
wir das im klassischen
Weltbilde getan haben
(vgl. Fig. 9). Die ent-
sprechende Zeichnung
für das moderne Welt-
bild sieht nun ähnlich,
aber doch in wesent-
lichen Zügen anders
aus, es muß dem Leser
überlassen bleiben, an
der Hand der beistehen-

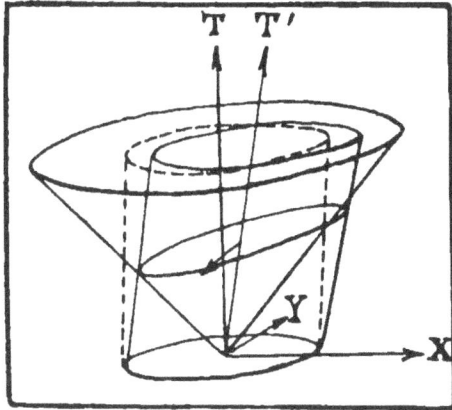

Abb. 24

den Figur sich die Einzelheiten zu überlegen. Besser noch als
die perspektivische Zeichnung würde uns natürlich ein räumliches
Modell die Anschauung erleichtern, und ein solches läßt sich mit
Hilfe von Stäben und Fäden unschwer herstellen. Nimmt man aber
schließlich noch die dritte Raumdimension hinzu, so muß man auf äußere
Anschauung überhaupt verzichten und sich auf die abstrakte Gedanken-
vorstellung zurückziehen.

## 20

Wir sind nun genügend vorbereitet, um diejenigen Formeln
aufzustellen, welche nach unserm neuen Weltbilde an die Stelle der

Galilei-Transformation treten; man nennt diese neue die Lorentz-Transformation. Eigentlich müßte jene als Newton-Transformation, diese als Einstein-Transformation bezeichnet werden; denn erst Newton hat den Formeln den für die klassische Relativitätstheorie entscheidenden Sinn gegeben, und erst Einstein den jetzigen den für die moderne Relativitätstheorie entscheidenden. Aber aufgestellt hat diese neuen Formeln schon Lorentz; nur ist er dabei, wie schon bemerkt wurde, auf dem Boden der Äthertheorie stehen geblieben und hat komplizierte Betrachtungen über das elektromagnetische Feld zu Hilfe genommen, womit denn auch die universelle Bedeutung der Formeln noch nicht entfernt so rein herausgeschält wurde wie dann durch Einstein.

Wir betrachten wieder die beiden mit der Geschwindigkeit v relativ zueinander bewegten Bezugssysteme S und S'. Der Null-punkt des zweiten hat als Weltlinie diejenige, deren Formel in seinem eignen System $x' = 0$, in dem andern dagegen $x = vt$ oder $x — vt = 0$ lautet. Man könnte nun sagen: beides muß identisch sein; aber das wäre voreilig (und würde sich nachträglich sogar als falsch erweisen), weil wir über die Maßverhältnisse in beiden Systemen nichts unbegründetes annehmen dürfen. Für den Nullpunkt ist wirklich beides identisch, nämlich dauernd null; und für jeden andern Punkt ist wenigstens soviel klar, daß das $x'$ zu dem $x — vt$ immer in demselben Verhältnis stehen muß; nennen wir einen Zahlen-faktor q, so ist also $qx' = x — vt$; und ebenso umgekehrt (durch Betrachtung des Nullpunkts des ersten Systems) $qx = x' + vt'$. Bis jetzt ist der Faktor q beliebig; aber er bestimmt sich aus dem Prin-zip der Konstanz der Lichtgeschwindigkeit, d. h. aus der Gleichung:

$$P = x^2 — c^2t^2 = x'^2 — c^2t'^2;$$

setzt man in diese Gleichungen die aus den beiden ersten Gleichungen folgenden Werte von $x'$ und $t'$ ein, so findet man nach einer kleinen Rechnung

$$q^2 = 1 — \left(\frac{v}{c}\right)^2 = 1 — b^2, \quad \text{also} \quad q = \sqrt{1 — b^2}.$$

Wir hätten uns das eigentlich schon denken können; denn wir wissen ja, daß eine Strecke, also auch eine Koordinate, von dem bewegten Systeme aus verkürzt erscheint, und zwar grade in diesem Verhältnis. Setzen wir dies in die erste Gleichung ein, so erhalten wir x', und dann mit Hilfe des so gefundenen x' aus der zweiten Gleichung t'. Fügen wir noch die beiden andern Raumkoordinaten, obgleich sie natürlich ungeändert bleiben, der Vollständigkeit halber hinzu, so erhalten wir die Lorentz-Transformation in dem folgenden Formelsystem:

$$x' = \frac{x - vt}{\sqrt{1 - b^2}}, \qquad y' = y, \qquad z' = z, \qquad t' = \frac{t - \dfrac{v}{c^2}x}{\sqrt{1 - b^2}}.$$

Diese Formeln genügen beiden Forderungen der modernen Relativitätstheorie, nämlich dem Prinzip der Relativität und dem Prinzip der Konstanz der Lichtgeschwindigkeit, in gleichem Maße; und es läßt sich sogar zeigen, daß es die einzigen Formeln sind, die das tun. Das zweite Prinzip kommt eben darin zum Ausdruck, daß in die Formeln eine absolute Konstante c eingeht, freilich mit dem bemerkenswerten Unterschiede, daß sie in x' nur insoweit vorkommt, als sie in der Größe $b = v/c$ enthalten ist, d. h. nur in der Form des Verhältnisses der Relativitätsgeschwindigkeit zur Lichtgeschwindigkeit; in t' dagegen außerdem auch noch selbständig, da man den Zähler von t' in der Form $t = (b/c)x$ schreiben kann; auf die hieran sich anknüpfenden Betrachtungen müssen wir leider verzichten. Das Relativitätsprinzip andrerseits kommt zum deutlichen Ausdruck, wenn man jetzt daran geht, die Formeln umzukehren, d. h. nicht mehr x' und t' durch x und t auszudrücken, sondern umgekehrt x und t durch x' und t': man erhält dann ganz dieselben Formeln, nur in den Zählern mit Pluszeichen anstelle der beiden Minuszeichen.

Im Grenzfalle unendlich großer Lichtgeschwindigkeit oder, anders ausgedrückt, für alle Relativgeschwindigkeiten v, die sehr klein gegen c sind, so klein, daß man nur die Differenzen erster Ordnung beizubehalten braucht, die zweiter aber vernachlässigen darf,

erhält man x' = x — v t, t' = t, d. h. die Galilei=Transformation.
Wäre also das Licht eine momentane Fernwirkung, so wäre die ganze
moderne Relativitätstheorie überflüssig, die klassische würde dann
vollkommen genügen. Aber dann gäbe es auch die ganze prachtvolle
Fülle von optischen, elektrischen und magnetischen Phänomenen
nicht, die auf der endlichen Ausbreitung der Strahlung beruhen und
in den letzten Jahrzehnten zu einer so erstaunlichen Bereicherung
unserer wissenschaftlichen Erkenntnis und unserer praktischen Be=
tätigung geführt haben.

Wenn es hiernach von entscheidender Bedeutung ist, daß die
Lichtgeschwindigkeit nicht unendlich groß, sondern endlich ist, so
liegt doch in unseren Feststellungen noch eine andre Folgerung, die
kaum minder umwälzend ist: die Folgerung, daß es in der Welt keine
größere Geschwindigkeit geben kann als die Lichtgeschwindigkeit.
Denn, wenn v größer als c ist, wird die Größe unter der Wurzel
negativ, und eine Quadratwurzel aus einer negativen Größe gibt
es bekanntlich nicht, weil jede Zahl, mit sich selbst multipliziert, auch
wenn sie negativ ist, etwas positives ergibt. Die Mathematik rechnet
ja mit solchen Größen und nennt sie im Gegensatz zu den reellen,
imaginäre Größen; aber in der Natur gibt es eben nur reelles, und
deshalb werden unsere Formeln in diesem Falle sinnlos.

Es läßt sich nun auch im einzelnen und nach den verschiedensten
Richtungen hin zeigen, was für Konsequenzen unsere Gleichungen
gaben. Betrachten wir wenigstens die beiden Hauptpunkte davon,
nämlich die Länge eines Stabes und die Dauer einer Zeit! Der Ein=
fachheit halber nehmen wir einen Stab von der Länge eins, genauer
gesagt, einen Stab, der im System S die Länge eins hat; und wir
legen ihn vom Nullpunkt aus in die Richtung der x=Achse, so daß
sein Anfangspunkt im Nullpunkt, sein Endpunkt um 1 rechts
davon liegt. Zuerst benutzen wir das Weltbild des klassischen
Relativitätsprinzips. Der Stab soll im System S ruhen, d. h. der An=
fangspunkt soll immer, auch wenn die Zeit fortschreitet, auf der
t=Achse bleiben, und folglich das Ende immer auf derjenigen Graden,

die im Abstande 1 parallel mit der t=Achse gezogen ist; der von beiden Graden begrenzte Streifen a b c d gibt also das Weltbild (Raum= Zeit=Bild) des Stabes. Wenn er im System S' ruhte, würde man den Streifen a b e f erhalten; er ruht aber eben nicht im System S'; und sein Weltbild, auch von S' aus beurteilt, ist der Streifen a b c d. Dom System S' aus gesehen, hat sich also der Stabanfang um die Strecke e c und das Stabende um die Strecke f d nach rückwärts be= wegt, und diese beiden Strecken sind offenbar gleich lang, der Stab erscheint nach wie vor in beiden Systemen gleich lang; es liegt das offenbar daran, daß wir die Stabbreite immer in der x=Richtung messen und auch so messen müssen, da doch die x= und die x'= Achse zusammenfallen, und eine andre ausgezeichnete Richtung gar nicht vor= handen ist. Ersetzen wir jetzt dieses Bild durch das moderne, so haben wir nicht bloß zwei verschiedene T=Achsen, sondern auch zwei

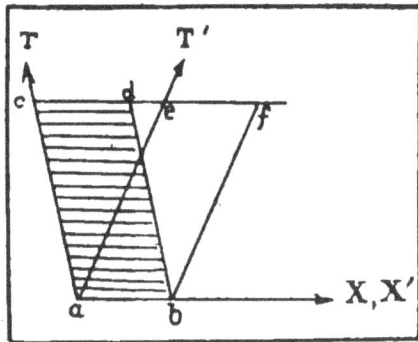

Abb. 25

verschiedene X=Achsen, und außerdem haben wir die Eichkurve P = 1. Im System S hat jetzt der Stab die Länge a b = 1, im System S' aber (x'=Achse) nur die Länge a h, und diese ist kleiner als 1, weil auf der x'=Achse die Längeneinheit durch die Strecke a g (bis zur Eich= kurve) dargestellt wird. Und wenn man das ausrechnet, erhält man genau das gewünschte, nämlich $s' = s\sqrt{1 - b^2}$. Man kann sich diese Verhältnisse vielleicht am besten klarmachen, wenn man die uns sehr vertraute Dorstellung der „Perspektive" heranzieht. Im Raume erscheint uns doch eine Linie verschieden lang, je nachdem wir sie in einer Richtung senkrecht zu ihrer Ausdehnung anschauen oder schief dazu; je schiefer, desto stärker erscheint sie verkürzt. Nun, hier haben wir es auch mit einer perspektivischen Verkürzung zu tun, nur nicht mit einer räumlichen, sondern mit einer räumlich-zeit= lichen, wir sehen, vom bewegten System aus, den Stab in einer andern „Zeitperspektive", und damit verkürzt, und zwar desto stärker, je schiefer unser „Zeitblick" ist, d. h. je schneller sich das System relativ zum System S bewegt. Und diese perspektivische Verkürzung ist wechselseitig, d. h., wenn der Stab jetzt nicht in S, sondern in S' ruht, und wir ihn jetzt von S aus betrachten, erscheint er nicht etwa ver= längert, sondern wiederum verkürzt; denn jetzt ist das Weltbild des Stabes der Streifen aikl, und ai ist wiederum kleiner als ab, also kleiner als 1.

Genau dieselbe Be= trachtung kann man nun auch für die Zeitstrecken anstellen; nur muß man jetzt an diejenige Eichkurve anknüpfen, welche nicht rechts, sondern oben liegt, und man muß den Streifen nicht an die t=Achse, sondern an die x=Achse anlehnen. Dann erhält man wiederum das Ergebnis, daß die Zeiteinheit von einem andern System aus verkürzt erscheint, daß also ein Beobachter in dem einen System die Uhr des andern Beobachters als in ihrem Gange ver= langsamt erachtet. Aber darauf können wir nicht näher eingehen, und ebensowenig auf die vielen weiteren Betrachtungen, die man an die Eichkurvenzeichnung anschließen kann. Aber das muß hier nach= holend betont werden, daß die anschauliche Darstellung des Welt= bildes der modernen Relativitätstheorie eine ihrer schönsten Lei=

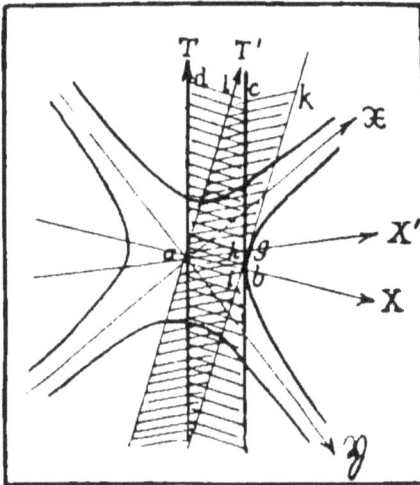

Abb. 26

ftungen ift; und man verdankt fie dem leider in der Blüte feiner Jahre dahingegangenen Mathematiker Minkowski. Übrigens ift fein Werk in neuefter Zeit weiter entwickelt worden, und es fei ganz befonders auf die Darftellung Liefegangs hingewiefen.

## 21

Im letzten Abfchnitte des mechanifchen Teils unferer Betrach= tungen haben wir die Materie als Träger der Bewegung ins Auge gefaßt und durch die Maffe charakterifiert. Diefe Maffe ift der Wider= ftand gegen die Bewegungsänderung; und wenn wir der Einfach= heit halber den Fall annehmen, daß diefe Änderung nur einmal und plötzlich erfolgt, alfo durch einen Impuls I, fo haben wir für die Gefchwindigkeitsänderung die Gleichung: $m \cdot G = I$. Dabei ift nun aber vorausgefetzt, daß es ganz gleichgültig ift, ob der Körper vorher, ehe G einfetzte, in Ruhe war oder fchon eine Gefchwindigkeit v hatte; und das ift doch nach unferer jetzigen Anfchauung gar nicht mehr zu erwarten, weil die Gefchwindigkeit G keine Invariante ift, fondern von dem Bezugsfyftem abhängt, alfo verfchieden ift, je nach= dem der Körper vorher ruhte oder fich bewegte; richtiger ausgedrückt, je nach dem Bezugsfyftem, in bezug auf das der Körper vorher ruhte oder fich bewegte. Man müßte alfo G als eine veränderliche Größe anfehen, und damit würde der Impulsfatz feine Bedeutung vollftändig einbüßen. Dasfelbe gilt dann natürlich auch für dauernde Gefchwindigkeitsänderung, alfo Befchleunigung; auch der Kraft= fatz $m \cdot B = K$ würde keinen allgemeinen Sinn mehr haben, weil es auf die „Vorgefchichte" des bewegten Punktes ankommt.

Man kann fich nun aber noch in andrer Weife helfen; und daß diefes Auskunftsmittel nicht rein aus den Fingern gefogen ift, fondern durch die tatfächlichen Verhältniffe geftützt wird, davon haben wir bereits Andeutungen erhalten. Man kann nämlich G als fefte Größe beibehalten, dafür aber den Faktor m als veränderlich, als abhängig von dem fchon vorhandenen Bewegungszuftande betrachten. Und nach dem, was wir bereits wiffen, wird man auch ohne Rechnung (die man natürlich aus Gründen der Exaktheit trotzdem vorzunehmen hätte) vermuten, in welcher Weise das zu geschehen habe: man wird eine Ruhemasse $m_0$ einführen und alsdann für die bewegte Masse die Formel

$$m = \frac{m_0}{\sqrt{1 - b^2}}$$

aufstellen; denn das ist ja die Formel für die Strecken=Transformation, und diese übertragen wir hier auf den dem Körper eigentümlichen Bewegungsfaktor, auf die Masse. Es hat sich nun gezeigt, daß man die obige, etwas unbequeme Formel durch die einfachere, bei der alle Größen von höherer als zweiter Ordnung vernachlässigt werden, ersetzen kann:

$$m = m_0 \left( 1 + \frac{1}{2} b^2 \right) = m_0 \left( 1 + \frac{1}{2} \frac{v^2}{c^2} \right).$$

Diese Formel mutet nun den einigermaßen in seinem Fache hei= mischen Physiker äußerst zutraulich an. Sie stellt nämlich die Masse $m = m_0 + m'$ dar als die Summe zweier Glieder, von denen das erste die Ruhemasse oder statische Masse ist; das andre Glied wird also jedenfalls die „kinetische Masse" sein, d. h. der Zuwachs, den die Masse dadurch erfährt, daß der Körper bereits in Bewegung begriffen ist. Wir haben hiervon schon gelegentlich des Experiments mit dem Kreisel in der Hohlkugel gesprochen und schon damals auf einen Be= griff hingewiesen, der in der modernen Physik die führende Rolle spielt: die Energie. Energie ist der Vorrat eines Körpers an Arbeits= fähigkeit; und auch diese Energie tritt in zwei Formen auf, als statische oder Spannungsenergie einerseits und als kinetische oder Bewegungs= energie andrerseits; hier interessiert uns vorwiegend die letztere. Wenn ein Körper von der Masse $m$ sich mit der Geschwindigkeit $v$ bewegt, so enthält er einen Betrag an kinetischer Energie (in früheren Zeiten als „lebendige Kraft" bezeichnet), der sich durch die Formel $E = \frac{1}{2} m \cdot v^2$ ausdrückt, und das läßt sich mit Hilfe einer kleinen Rechnung leicht einsehen. Denn die Arbeit ist das Produkt der wirken= den Kraft und der Strecke, um die sie den Körper vorwärts bringt;

die Kraft ihrerseits ist, wie wir wissen, das Produkt aus Masse und
Beschleunigung, also, wenn am Anfange einer Sekunde die Geschwin=
digkeit v, am Ende aber v' ist, das Produkt m · (v' — v); und die
Strecke, die in einer Sekunde zurückgelegt wird, ist die mittlere Ge=
schwindigkeit während dieser Zeit, also $\frac{1}{2}$ (v + v'); die Multipli=
kation beider Ausdrücke ergibt alsdann den Ausdruck: $\frac{1}{2}$ m · v'²
— $\frac{1}{2}$ m · v², und hier bedeutet offenbar das erste Glied den Energie=
vorrat am Ende, das zweite den zu Beginn jener Sekunde, die Energie
hat also wirklich in jedem Augenblicke den oben angegebenen Wert.
Verknüpft man nun diesen mit der vorhin aufgestellten Massen=
formel, so erhält man:

$$m' = \frac{1}{2} m_0 b^2 = \frac{1}{2} m_0 \left(\frac{v}{c}\right)^2 = \frac{E}{c^2}.$$

Das gilt zwar zunächst nur für die kinetische Masse; aber schon da=
mals wurde die Vermutung ausgesprochen, es möchte auch die an=
scheinend statische Masse in Wahrheit innerlich kinetischen Charakters
sein, worauf zahlreiche Tatsachen der Physik und der physikalischen
Chemie beinahe zwingend hinweisen; und dann erhalten wir die
ganz allgemeine Beziehung:

$$m = \frac{E}{c^2}.$$

Es ist also die Masse nichts anderes als eine Form der Energie; und
zugleich haben wir ein zweites, uns längst gestecktes Ziel erreicht,
wir haben das zweite fundamentale Umrechnungsverhältnis ge=
funden, das der Masse in Energie. Wie man die Raumstrecke durch
c dividieren muß, um die Zeitstrecke zu erhalten, so muß man die Ener=
gie durch c² dividieren, um die Masse zu erhalten. Kehrt man beide
Formeln um, so erhält man:

$$s = c \cdot t \text{ und } E = c^2 \cdot m.$$

Eine sehr kleine Zeitstrecke repräsentiert also schon eine sehr große
Raumstrecke, und eine winzige Masse repräsentiert schon eine kolossale
Energie, und das letztere ist noch viel extremer als das erstere; denn

in der zweiten Gleichung ist ja der Faktor nicht, wie in der ersten, 300 000 km oder 30 Milliarden Zentimeter, sondern das Quadrat davon, also 900 Trillionen. In einem Gramm Masse stecken (sei es nun in der Form von Spannung oder in der Form innerer Moleekular=Atom= und Elektronen=Bewegung) nicht weniger als 900 Trillionen „Erg" (d. h. Energie=Einheiten). Und wenn wir durchsetzen könnten, daß wir den Alliierten unsere Schuld in Energie bezahlten, und zwar soviel Erg wie sie Mark verlangen, so könnten wir zu ihrem unsagbaren Erstaunen (denn die Politiker werden von der Relativitäts=theorie noch nicht allzuviel wissen) uns damit abfinden, ihnen ein kleines Häuflein Materie in die Hand zu drücken. Und einer jener findigen Köpfe, die bei allem, und so auch in diesem Falle, immer sofort an die praktische Verwendbarkeit denken, hat bereits aus=gerechnet, daß man, wenn diese innere Energie der Atome freigemacht werden könnte, mit einem Gramm Kohle einen Riesendampfer über den Ozean befördern könnte. Übrigens sei bemerkt, daß die obige Ableitung natürlich nur von formalem Charakter ist; aber Einstein hat auf Grund realer, physikalischer Betrachtungen gezeigt, daß auch dann sich dieselbe Beziehung zwischen Masse und Energie ergibt. Einstein legt dabei den Nachdruck auf die Gleichung $E = c^2 m$, die angibt, welche Masse $m$ die Energie $E$ besitzt, und er bezeichnet dem=gemäß die gewonnene Einsicht als den Satz von der Trägheit der Energie; vielleicht ist aber doch die umgekehrte Ausdrucksweise, also der Name: Satz von der energetischen Natur der Materie, für die allgemeine Würdigung noch vorzuziehen; dann ist also die ent=scheidende Gleichung: $m = E/c^2$. Schließlich kommt natürlich beides auf dasselbe hinaus.

Den eben gefundenen Satz, der die Masse zur Energie in Be=ziehung setzt, kann man auch als Äquivalenzprinzip bezeichnen und ihn damit in die Reihe andrer Äquivalenzprinzipe einordnen, von denen das bekannteste der Satz von der Äquivalenz von Arbeit und Wärme ist, aussagend, daß, auf welche Weise man auch immer mechanische Arbeit in Wärme (oder umgekehrt) verwandeln möge, aus einer beftimmten Arbeitsmenge immer dieselbe Wärmemenge, (oder umgekehrt) entfteht, nämlich aus 42 Millionen Erg (das ift die Arbeit, die man im Schwerefelde der Erde leiftet, wenn man ein Kilogramm 42 Zentimeter hoch hebt) immer eine Kalorie, d. h. so-viel Wärme, daß man damit ein Gramm Waffer um ein Grad Celfius erwärmen könnte; man fieht, daß die Wärme eine fehr konzentrierte Energieform ift; und man fieht ferner, daß die beiden hiermit ver-glichenen Zahlen nur eine fehr fpezielle Bedeutung haben: die eine gilt nur für das Schwerefeld der Erde, die andre nur für das Waffer und das Celfiusthermometer; wohlverftanden: das Äquivalentver-hältnis gilt allgemein, aber fein zahlenmäßiger Ausdruck ift für jeden Fall ein andrer. Die Äquivalenz, die wir neuerdings gefunden haben, die zwifchen Maffe und Energie, gilt auch zahlenmäßig viel allge-meiner: ein Gramm Maffe ift immer und überall äquivalent mit $c^2$ Erg; und umgekehrt, ein Erg mit dem $c^2$. Teil eines Grammes Maffe, gleichviel, ob es Gold, Waffer oder Luft ift. Und wenn oben bemerkt wurde, daß Wärme eine fehr konzentrierte Form der Energie ift, fo gilt das von derjenigen Energieform, die wir hier ermittelt haben und „Maffe" nennen, in noch unvergleichlich höherem Grade. Es hängt das eben mit dem grundfätzlichen Wefensunterfchied der beiden Energieformen zufammen: Wärme ift Energie der Moleteln, insbefondere (und z. B. bei Gafen faft ausfchließlich) die Energie ihrer (uns unfichtbaren) Schwirrungsenergie; Maffe dagegen ift die uns erft recht unfichtbare Atom- und Elektronen-Energie, fie hat ihren Sitz im Innerften der Molekel und betrifft nicht fie als Ganzes, fondern die Vorgänge, die fich in ihren Teilen, in ihren Bau-fteinen abfpielen. Wir haben alfo eine auffteigende Skala von drei Stufen vor uns: die grob-mechanifche Energie, die (trotz der mächtigen Wirkungen eines Wafferfalls oder einer Kanonenkugel) auf der unterften Stufe fteht, die Wärme (man denke an die Dampfmafchine!) auf der mittelften, die innere Atomenergie auf der oberften.

Es wird gut fein, die zwifchen Maffe und Energie gefchlagene Brücke an einigen Beifpielen zu veranfchaulichen; und wir wählen fie naturgemäß teils aus der mechanischen, teils aus der ätherischen Physik. Denken wir uns eine horizontale Glasplatte, die in zwei kleine Blöcke eingespannt ist und zwischen ihnen frei über dem Boden liegt. Wir fragen, wie stark wir sie beanspruchen müssen, damit sie in der Mitte durchbricht. Nun können wir das auf zwei verschiedene Weisen erreichen, entweder indem wir ein Gewicht auf die Mitte der Platte legen und dieses so lange vergrößern, bis die Katastrophe eintritt; oder wir lassen ein kleines Gewicht aus der Höhe herabfallen und steigern diese Fallhöhe so lange, bis ebenfalls die Katastrophe eintritt. Auch ohne den Versuch wirklich anzustellen, wird man über= zeugt sein, daß im letzteren Falle ein viel geringeres Gewicht erforder= lich ist als im ersteren; dort kommt eben nur die tote Masse, hier die lebendige Energie in Frage. Man kann sich auch, wenigstens schematisch (in Wirklichkeit liegen die Verhältnisse etwas verwickelter) leicht ausrechnen, wie sich die erforderliche lebendige Masse m' zu der toten Masse m verhalten muß, damit die Wirkung die gleiche sei; denn die tote wirkt mit dem Betrage m · g, wo g die Beschleuni= gung durch die Schwere ist (m · g ist dann einfach das Gewicht), die lebendige wirkt, wenn v die Endgeschwindigkeit ist, mit dem Be= trage $\frac{1}{2}$ m'v², und hierin ist nach dem Fallgesetz v² = 2 g · h, wo h die Fallhöhe ist; man erhält also m' = m/h; d. h. beim Fall aus einem Meter, also 100 cm Höhe kommt man schon mit dem hunderten, beim Fall aus einem Kilometer Höhe mit dem hunderttausenten Teil der Masse aus.

Dann sei an das Experiment mit dem Kreisel in der Kugel er= innert. Infolge der kinetischen Energie der Kreiselbewegung erscheint die Masse, hier speziell der Widerstand gegen Drehung (wo= durch die Kreiselachse mitgedreht wird) in kolossalem Maße vergrößert; bei Drehung mit der Hand kann man das nur so ungefähr schätzen, es macht aber keine Schwierigkeit, die Drehung mit exakten Apparaten zu bewerkstelligen, und dann kann man wiederum das Äquivalenz= verhältnis der lebendigen zur toten Masse ermitteln, worauf hier nicht näher eingegangen werden kann.

Noch bei weitem interessanter sind die Fälle aus der ätherischen Physik, also aus dem Gebiete der elektrischen und optischen Erscheinungen. Denn nach dem Gange, den die ganze Entwicklung der Physik gemacht hat, kann es keinem Zweifel unterliegen, daß man nicht, wie man früher annahm, alle Naturerscheinungen auf mechanische zurückzuführen, sondern umgekehrt auch die mechanischen auf elektrischer Grundlage aufzubauen hat. Haben wir uns doch zu zwei Schritten genötigt gesehen, ohne die die große Mehrzahl der Erscheinungen uns völlig unverständlich bleiben würde. Erstens haben wir annehmen müssen, daß die Atome nicht bloß mechanische Masse m, sondern außerdem auch elektrische Ladung e besitzen, die einen positive, die andern negative, z. B. bei der Elektrolyse einer Kochsalzlösung die Chloratome negative, die Natriumatome positive; und zwar ergibt sich aus den Messungen, die man anstellt, ein ganz bestimmtes Verhältnis der Ladung zur Masse: e/m. Nun gibt es eine sehr merkwürdige Klasse von Erscheinungen: die Konvektionsstrahlen (andrer Ausdruck für Emissionsstrahlen) in ausgepumpten Entladungsröhren; und zwar gibt es da die Kanalstrahlen, bestehend aus fortgeschleuderten positiven Teilchen, und die Kathodenstrahlen, deren Träger negativ geladene Teilchen sind. Für jene ergibt sich aus gewissen Versuchen das Verhältnis e/m ebenso groß wie bei der Elektrolyse, bei diesen hingegen ergibt sich ein sehr viel größerer Wert, nämlich ungefähr das 1830fache. Da man nun allen Grund hat, anzunehmen, daß die Ladung dort wie hier dieselbe sei, muß man schließen, daß der Nenner des Bruches hier 1830 mal so klein sei, daß also die Kathodenstrahlenteilchen keine Atome oder, wie man sie in ihrem geladenen und fortbewegten Zustande nennt, Jonen sind, sondern viel leichtere Körperchen, die man als Elektronen bezeichnet. Aber noch mehr (und damit kommen wir auf den zweiten Punkt): die Masse, die ihnen zukommt, ist nicht nur sehr klein, sie ist auch nicht einmal konstant; sie hängt vielmehr von ihrer Geschwindigkeit ab, und das kommt sehr stark zum Ausdruck, weil diese Teilchen ungeheuer hohe Geschwindigkeiten, bis

8*

nahe an die Lichtgeschwindigkeit heran, erreichen; je größer die Geschwindigkeit, desto größer die Masse; und aus gewissen Beobachtungen folgt, daß der größte Teil, wenn nicht überhaupt die ganze Masse dieser Körperchen kinetischen Charakters ist. Anders ausgedrückt: es ist gar keine Masse, es ist kinetische Energie; und so löst sich auch hier der Gegensatz dieser beiden Begriffe in eine höhere Einheit auf.

## 22

Die klassische und die moderne (spezielle) Relativitätstheorie haben, so verschieden sie auch sind, doch das gemeinsame, daß sie nur gelten für den Vergleich von Jnertialsystemen; die beiden Bezugssysteme, auf die man die Vorgänge bezieht, dürfen sich nur gradlinig-gleichförmig gegeneinander bewegen. Das ist einerseits eine starke Beschränkung der Theorie und andrerseits eine ebenso starke Bevorzugung der gedachten Bezugssysteme; und das um so mehr, als die gradlinig-gleichförmigen Bewegungen in der Natur grade zu den seltensten gehören und nicht entfernt die Bedeutung haben wie die krummlinigen und die beschleunigten. Kann man die Theorie nicht auf beliebig gegeneinander bewegte Systeme ausdehnen? Wenn das möglich ist, gelangt man von der „speziellen“ zur „allgemeinen“ Relativitätstheorie; sie ist durch unvergleichlich kühne und scharfsinnige Gedankengänge, die Einstein in dem Jahrzehnt zwischen 1905 und 1915 entwickelt hat, erwiesen und seitdem weiter ausgeführt worden. Sie läßt sich streng nur in, sowohl erkenntnistheoretisch wie mathematisch, sehr verwickeltem Gewande darlegen. Hier müssen wir uns damit begnügen, eine allgemeine und ungefähre Vorstellung von ihr zu gewinnen; und wir können dabei an Betrachtungen aus dem mechanischen Teile unserer Darstellung anknüpfen, durch die wir damals bereits auf das allgemeine Relativitätsprinzip übergegriffen haben.

Der Sinn der speziellen Relativitätstheorie, und zwar ihrer klassischen Form, war doch der, daß alle Vorgänge sich gleich abspielen in zwei Systemen, die gradlinig-gleichförmig gegeneinander

bewegt sind, die also keine Änderung der Bewegung, weder der Rich=
tung noch dem Betrage nach, gegeneinander aufweisen. Das wird
dadurch verständlich, daß das Wesen der mechanischen Vorgänge
in der Beschleunigung liegt; und diese Beschleunigung der Körper,
an denen man die betreffenden Vorgänge beobachtet, wird durch die
beschleunigungslose Bewegung der Bezugssysteme gegeneinander
nicht beeindruckt. Wenn sich nun aber die Bezugssysteme beschleu=
nigt gegeneinander bewegen, hört das natürlich auf, und man kann
nun gar nicht mehr erwarten, daß die Beschleunigungen der Körper
dieselben bleiben, man müßte sich sogar höchlichst darüber wundern,
wenn es der Fall wäre. Wenn nun trotzdem die beiden Systeme
äquivalent sein sollen, so muß man jedenfalls für das eine von ihnen
irgend etwas neues, etwas besonderes hinzufügen, damit die Sache
stimmt. Und das haben wir ja bereits in zwei Fällen untersucht,
die wir uns jetzt ins Gedächtnis zurückrufen wollen. Der eine be=
traf die gradlinig=beschleunigte, der andre die gleichförmig=rotierende
Bewegung; und in beiden Fällen wurde gezeigt, daß man die be=
treffenden Körper auch als ruhend ansehen kann, wenn man dafür
eine Wirkung gravitierender äußerer Massen einführt. Das ist das
Einsteinsche Äquivalenzprinzip, das aussagt: Es läßt sich auf keine
Weise entscheiden, ob gewisse Vorgänge, die wir beobachten, eine
Folge der beschleunigten bzw. rotierenden Bewegung des Systems
sind, in dem sie sich abspielen, oder eine Folge äußerer gravitierender
Massen, die auf das an sich ruhende System in geeigneter Weise
wirken. So gut, wie wir den beschleunigten Fall der Körper auf der
Erdoberfläche auf die Anziehungskraft der Erde zurückführen, so
gut können wir die Abplattung einer rotierenden Kugel auf die
Anziehungskraft äußerer, um die ruhende Kugel rotierender Massen
zurückführen. Das macht also keine grundsätzlichen Schwierigkeiten;
und wenn es etwa in dem Beispiele des gebremsten Eisenbahnzuges
schwer ist, sich die den Bremsruck hervorbringenden äußern Kräfte
im besonderen auszugestalten, so hat das mit dem Prinzip als solchem
nichts zu tun. Aber nun kommt eine zweite und dritte Schwierig=

keit, und beide stehen in einem gewissen Zusammenhange miteinander.

So lange man es mit einer einzigen Raumdimension zu tun hat, ist die Sache ziemlich einfach; diese Richtung fällt entweder in die der Bewegung, also auch der Beschleunigung, der Bremsung und der eventuell einzuführenden Kraftwirkung, oder sie steht senkrecht dazu, oder endlich schief dazu; in jedem Falle kann man die Verhältnisse für sich betrachten und berechnen. Aber schon mit der zweifachen Raum-Mannigfaltigkeit, also bei Betrachtung einer Fläche, hört diese Einfachheit auf. Denn diese Fläche enthält doch in sich Linien

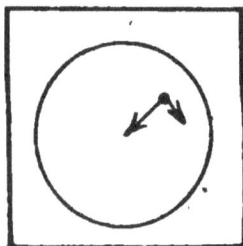

**Abb. 27**

von sehr verschiedenen Richtungen, insbesondere solche parallel und senkrecht zur Bewegungsrichtung; oder, bei der Rotation, solche, die tangential und solche, die radial liegen. Aber nach dem Kontraktionsprinzip verhalten sich diese verschieden, jene ziehen sich zusammen, diese bleiben ungeändert, alle dazwischenliegenden Richtungen werden mehr oder weniger verkürzt; und die Folge davon ist eine heillose Verwirrung in den geometrischen Grundlagen, die doch auch für die physikalischen Gestaltungen und Geschehnisse entscheidend sind.

So wird z. B. auf einer rotierenden Kreisscheibe der altberühmte Satz, daß das Verhältnis des Umfanges zum Durchmesser eines Kreises π (d. h. ungefähr 22/7) sei, über den Haufen geworfen; es ist so, als ob die Scheibe sich „verworfen" hätte, und dann fügt sie sich den Gesetzen der ebenen Geometrie nicht mehr. Nun kann man ja auch einer derartig verworfenen, sagen wir lieber ernsthaft: auf einer gekrümmten Scheibe alle Punkte durch Koordinaten festlegen, aber es sind nicht mehr die gewöhnlichen Koordinaten, sondern die zum Andenken an ihren Erfinder so genannten Gaußischen Koordinaten. Wir müssen also auch auf unsere Scheibe, obgleich sie gar nicht gekrümmt ist, sondern in ihrer eigenen Ebene rotiert, diese neue Maßbestimmung anwenden. Mit andern Worten: in einem rotierenden System muß man, um zu einheitlichen Maßverhältnissen für alle Richtungen zu gelangen, ebene Gebilde durch gekrümmte erseßen. Unsere Scheibe ist zwar räumlich eben, aber sie hat, wie man sagen kann, „Zeitkrümmung", eben weil sie rotiert. Auf einer gekrümmten Scheibe nun gelten ganz andre geometrische Geseße, insbesondere ist die kürzeste Verbindungslinie zwischen zwei Punkten nicht mehr eine grade, sondern eine krumme Linie, allerdings eine ganz bestimmte; man nennt sie eine geodätische Linie. Insoweit ist das ja nun ganz anschaulich; wie aber, wenn wir jeßt zu drei Dimensionen übergehen? Nun, da können wir an Betrachtungen anknüpfen, die wir bereits viel früher angestellt haben und sagen: wir müssen eben auch den Raum „krümmen"; unser Raum ist kein ebener Raum mehr, kein euklidischer, wie man ihn zum Andenken an den Begründer der Geometrie, den griechischen Mathematiker Euklid nennt, sondern eine gekrümmter, ein „nichteuklidischer"; er ist, in seiner dreidimensionalen Art, nicht mehr das Analogon zu einer ebenen Scheibe, sondern zu einer gekrümmten Schale. Das könnte leicht mißverstanden werden, so lange man diese Erkenntnis von der zuerst gewonnenen absondert, von der Erkenntnis, daß überall im Raume, wo Körper sind, auch Kräfte tätig sind, daß der Raum kein totes Gebilde, sondern ein Feld ist; und eben dadurch, daß er ein Feld ist, ist er auch gekrümmt. Man könnte, statt der Kräfte, die den Raum beleben, auch sagen: der Raum rotiert in sich; denn Rotation und Kraftwirkung ist ja äquivalent; aber wir sind mit den Kräften, nämlich mit der Gravitation, so vertraut, daß wir lieber diese beibehalten, als die uns neuartige und an sich unverständliche „innere Rotation" des Raumes einzuführen. Also auch in unserm Raum gibt es keine grade Linie, sondern nur geodätische Linien; wenigstens überall da, wo sich Gravitation geltend macht. Und infolgedessen sind jeßt auch die Trägheitsbahnen der Körper nicht mehr grade, sondern geodätische Linien. Zur Beruhigung des Gemüts sei bemerkt, daß die Krümmung unseres Raumes außerordentlich klein, daß es faſt überall ein nahezu ebener Raum iſt; und daß ſelbſt in der Nähe gewaltiger Maſſen, z. B. der Sonne, die Krümmung immer noch ſehr klein iſt; es folgt das aus einer Rechnung, die man anſtellen kann, indem man die Gravitationskraft mit der Lichtge= ſchwindigkeit in Beziehung ſetzt. Wenn man z. B. einen Durchſchnitt, alſo eine krumme Linie, zeichnen wollte, würde ſie ſich ſelbſt auf dem größten Bogen Papier von der graden Linie im allgemeinen gar nicht und ſelbſt in der Nähe der Sonne nur kaum bemerkbar unter= ſcheiden. Aber grundſätzlich bleibt die Tatſache beſtehen, daß unſer Raum gekrümmt iſt und daß man ſomit, z. B., wenn man immer „grade" weiter geht, doch, weil man ſich auf einer krummen Linie (und zwar auf einer Kreislinie) bewegt, ſchließlich wieder zum Ausgangspunkt zurückkommt; grade wie auf unſerer Erdoberfläche ein Wanderer oder ein Dampfſchiff. Daraus folgt zugleich etwas erkenntnistheoretiſch ſehr wichtiges: die Welt iſt endlich, und das iſt für den Phyſiker, der mit Unendlichem ſchließlich doch nichts an= fangen kann, ſehr beruhigend; aber ſie iſt andrerſeits unbegrenzt; denn alle jene in ſich zurücklaufenden Linien haben keinen Anfang und kein Ende. Man kann ſich das ja, wenn auch nicht am drei= dimenſionalen Raum, ſo doch an einer Fläche, z. B. an einer Kugel= oberfläche, veranſchaulichen, die auch ihrerſeits (wohlverſtanden die Kugeloberfläche, nicht die Kugel als Körper) endlich, aber unbe= grenzt iſt.

Vielleicht iſt es gut, dieſe ſehr abſtrakten Verhältniſſe noch in beſonderer Weiſe anſchaulich zu machen; und da gibt es aus der mechaniſchen Phyſik ein ſehr geeignetes Gleichnis: Eine Waſſer= oberfläche iſt überall horizontal, außer am Rande des Gefäßes, in dem ſie eingeſchloſſen iſt; hier krümmt ſie ſich und ſteigt allmählich an, bis ſie in die Glasfläche einmündet. Man führt das auf die Kräfte zwiſchen Glas und Waſſer zurück und nennt dieſe letzteren Kapillar= kräfte. Genau ſo hat man ſich vorzuſtellen, daß der Raum ſonſt über= all „eben" iſt, daß er aber da, wo Gravitationskräfte wirken, ſich „krümmt", und zwar nach der Seite des ſtärkeren Gravitationszuges

ober, wie man das wissenschaftlich nennt, nach der Seite des höheren
Potentials. Die Krümmung des Raumes ist also von Ort zu Ort
verschieden, und noch mehr als das: da die gravitierenden Massen
in fortwährender Bewegung sind, ist sie auch mit der Zeit veränder=
lich; der Raum ist zugleich weich und widerspenstig: wie ein Wurm
krümmt er sich, wenn er getreten
wird. Einstein selbst vergleicht ihn
mit einer Molluske.

Wir müssen nun wieder etwas
mathematisch werden, um die neue,
die nichteuklidische Geometrie zu ver=
stehen; sie ist, und das muß als die
Hauptsache gefaßt werden, keine for=
male, sondern eine physikalische Geo=
metrie; aber ihre Gesetze sind trotz=
dem in mathematische Form zu

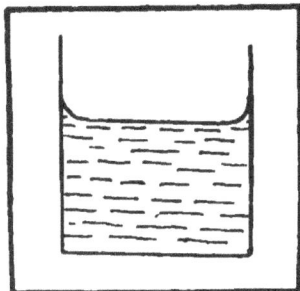

Abb. 28

bringen. Im gewöhnlichen Raum ist eine Strecke (Entfernung eines
Punktes vom Nullpunkt) nach dem räumlichen Pythagorassatz durch
die Formel

$$s^2 = x^2 + y^2 + z^2$$

gegeben. Aber an dieser Formel sind nunmehr zwei Änderungen vor=
zunehmen: erstens wegen der Hinzufügung des Zeitgliedes zu den
drei Raumgliedern; es fragt sich nur, in welcher Weise wir es hin=
zufügen sollen. Da erinnern wir uns an unsere Eichkurve $P = x y$
$= x^2 - c^2 t^2$, die für den einfachen Fall einer einzigen Raumdimen=
sion galt; für den dreidimensionalen Raum erhalten wir also

$$s^2 = x^2 + y^2 + z^2 - c^2 t^2.$$

Zweitens müssen wir nun die euklidische Geometrie durch die neue
ersetzen, wobei alle Achsen, statt senkrecht aufeinander zu stehen,
schiefwinklig sind, damit hört der phythagordäische Satz auf gültig zu
sein, er muß, wie man sagen kann, verallgemeinert werden; und das
geschieht, indem man erstens jedem der Glieder eine andre Maß=

einheit gibt, d. h. einen Zahlenfaktor davorsetzt, und zweitens, indem man außer den Quadraten der vier Raum-Zeit-Koordinaten auch noch ihre Produkte miteinander einführt; man erhält dann das, was man den Pythagoras der in sich gekrümmten vierdimensionalen Welt nennen kann:

$$s^2 = f_1 x^2 + f_2 y^2 + f_3 z^2 + f_4 t^2$$
$$+ g_1 xy + g_2 xz + g_3 xt + g_4 yz + g_5 yt + g_6 zt.$$

Diese Gleichung bildet die Grundlage für alle exakten Untersuchungen über die Geschehnisse im Raume der allgemeinen Relativitätstheorie; und man kann sich vorstellen, daß diese Untersuchungen die höchsten

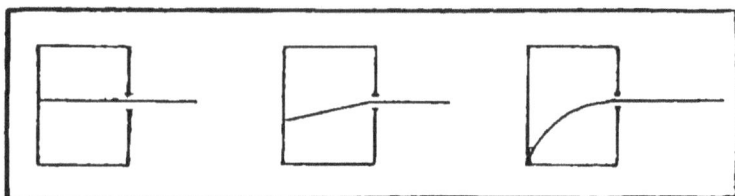

Abb. 29

Anforderungen an die Gedankenarbeit und die mathematische Ge-schicklichkeit des Ausführenden stellen.

Für uns, die wir darauf nicht näher eingehen können, liegt aber eine ganz bestimmte Anwendung der gewonnenen Erkenntnis nahe. Die Krümmung, die wir festgestellt haben, erstreckt sich auf grade Linien aller Art, und unter ihnen gibt es eine Klasse, die uns in hervorragendem Maße interessiert: die Lichtstrahlen. Versetzen wir uns wieder in den Kasten, der frei im Raume schwebt, und neh-men wir an, daß durch ein Loch in der Seitenwand ein Lichtstrahl eintritt. Solange der Kasten ruht, wird er ihn horizontal durch-messen; wenn der Kasten gleichförmig nach oben schwebt, wird er eine schräge, aber grade Linie nach unten bilden; wenn aber der Kasten beschleunigt nach oben geht, wird der Lichtstrahl sich krümmen. Die Krümmung ist also eine Folge der Beschleunigung des Be-

obachtungsſyſtems. Nach dem Äquivalenzprinzip muß aber ganz
dasſelbe eintreten, wenn das Beobachtungsſyſtem ruht und dafür
eine gravitierende Kraft eingeführt wird; durch ſchwere Maſſen
wird der Lichtſtrahl gekrümmt und damit aus ſeiner normalen Bahn
abgelenkt, grade wie ein Komet, der an der Sonne vorbeigeht; bis
nahe an die Sonne heran iſt die Bahn gradlinig, bald nach der Ent=
fernung aus der Sonnennähe wieder, dazwiſchen liegt das gekrümmte
Stück: es iſt eine geodätiſche Linie des hier verhältnismäßig ſtark
gekrümmten Raumes; es iſt ein zwar nicht gradliniges Stück der
Bahn, aber es iſt doch ſo gradlinig, wie es in dieſem Raume über=
haupt möglich iſt.

### 23

Und damit kommen wir zu derjenigen Tat Einſteins, die am
meiſten Aufſehen erregt und der Relativitätstheorie am meiſten
Freunde gewonnen hat. Denn ſchließlich
will man doch von einer Theorie auch
poſitive Erfolge ſehen; und die bisherigen
Erfolge haben, ſo bedeutſam ſie auch ſein
mögen, mehr negativen Charakter, z. B.
das Ausbleiben eines Effekts bei dem
Michelſon=Verſuch. Nun, hier haben wir
eine poſitive Prophezeiung von etwa der=
ſelben Bedeutung, von der es für das
Newtonſche Gravitationsgeſetz war, als der
franzöſiſche Aſtronom Leverrier aus Un=
regelmäßigkeiten in der Bewegung des
Planeten Uranus den Schluß zog, es müſſe
jenſeits von ihm, in unvorſtellbaren Fer=
nen von uns, noch ein weiterer Planet um
die Sonne kreiſen, der dann auch wirklich

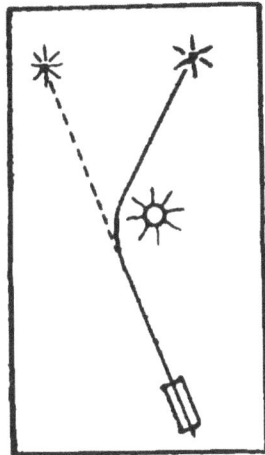

Abb. 30

entdeckt und Neptun genannt wurde. Und wie Leverrier durch ſeine
Rechnungen ſogar angeben konnte, an welcher Stelle des Himmels dieſer
errechnete Stern zu einer beſtimmten Zeit ſtehen müſſe, ſo rechnete eben

auch Einstein aus, wie groß die Ablenkung der Lichtstrahlen beim Vorübergange an der Sonne sein müsse; er fand den winzigen, aber wohlbegründeten Betrag von 1,7 Winkelsekunden. Und fast genau diesen Wert fanden die englischen Astronomen, die daraufhin während der totalen Sonnenfinsternis von 1919 eine größer Anzahl von Fixsternen beobachteten, die damals in der Nähe der Sonne standen: der Ort wich von demjenigen Orte, den sie haben, wenn die Sonne in den Gang ihrer Lichtstrahlen nicht eingreift, um den errechneten Betrag ab. Natürlich haben die Gegner der Theorie versucht, andre Erklärungen für diese merkwürdige Tatsache beizubringen; aber keine ist auch nur annähernd so schlagend wie die Einsteinsche.

Eine andre, der Prüfung durch Beobachtung am Himmel zugängliche Forderung ist die folgende; sie führt uns zugleich noch ein Stück weiter in der allgemeinen Welterkenntnis. In der Periode des Aufschwungs der Naturwissenschaften, also im Zeitalter Galileis, Keplers und Newtons, wurde nach und nach das Grundgesetz für die Bewegung aller Körper, der irdischen wie der himmlischen, herausgearbeitet und fand schließlich in dem Newtonschen Gesetz seinen einfachsten und vollkommensten Ausdruck. Aber dieses Gesetz können wir jetzt prinzipiell nicht mehr gebrauchen, weil es auf unvermittelter Fernwirkung beruht, und diese schließen wir ja aus und ersetzen sie durch eine Feldwirkung, diese letztere aber wiederum durch die durch das Feld erzeugte Raumkrümmung. Die Aufgabe ist jetzt die, die Planetenbahnen aus der Grundgleichung, dem verallgemeinerten Pythagoras, dadurch abzuleiten, daß man den Faktoren f und g geeignete Werte gibt. Diese Rechnung hat nun Einstein durchgeführt und gefunden, daß man auf diese Weise trotz des gänzlich veränderten Standpunktes Planetenbahnen erhält, die fast genau mit den aus dem Newtonschen Gesetz sich ergebenden übereinstimmen. Fast, aber doch nicht ganz genau. Es stellen sich Abweichungen heraus, und eine von ihnen ist groß genug, um beobachtet werden zu können. Sie bezieht sich auf den Merkur; und das ist nicht wunderbar, weil dieser Planet der Sonne doch am nächsten steht, sich also im stärksten

Felde, oder wie wir sagen können, in einem Raumgebiete der stärksten Krümmung befindet. Nun gibt es hinsichtlich der Bahn des Merkur um die Sonne eine altbekannte Unstimmigkeit: der Merkur umkreist die Sonne wie alle Planeten nicht in einem Kreise, sondern in einer Ellipse, also einer etwas längeren als breiten Kurve; die lange Achse und damit die ganze Ellipse steht nun nicht fest im Raume, sondern dreht sich in einem Jahrhundert um den sechsten Teil eines Grades. Es hat sich gezeigt, daß diese Erscheinung von der Einwirkung der andern Planeten herrührt; und da man diese Einwirkung genau berechnen kann, ist man in der Lage, eine ideale Merkurbahn heraus= zuschälen, wie sie ohne Einwirkung der Planeten beschrieben werden würde. Während nun bei allen andern Planeten diese ideale Bahn im Raume feststeht, bleibt beim Merkur ein Drehrest übrig, ein überaus winziger, nämlich nur 43 Winkelsekunden im Jahrhundert; aber immerhin ist das ein Schlag ins Gesicht der sonst so überaus exakten Newtonschen Theorie. Die neue Theorie ergibt nun tatsächlich diese Drehung als eine natürliche Folge der Relativbewegung, und zwar in dem gewünschten Betrage.

Hat hiermit die neue relativistische Himmelsmechanik ihre Feuer= probe bestanden, so bietet sie auch in allgemeiner Hinsicht sehr inter= essante Aussichten. Nach dem Newtonschen Gesetz $K = m_1 m_2 / r^2$ hängt die Kraft, außer von den Massen, nur von ihrer Entfernung, d. h. von der relativen Lage der beiden Körper zueinander ab. Nach der neuen Theorie hängt sie, das wird man jetzt schon von vorn= herein erwarten, auch von der relativen Geschwindigkeit der beiden Körper gegeneinander ab, und damit nimmt das Gesetz einen Cha= rakter an, wie wir ihn auf dem Gebiete der ätherischen Physik schon kennen: auch die elektrischen und magnetischen Kräfte hängen näm= lich von der Geschwindigkeit ab. Also wiederum ein Schritt zur Ver= einheitlichung alles Naturgeschehens.

Und nun zum Schlusse noch eine dritte merkwürdige Folgerung aus der allgemeinen Relativitätstheorie. Da in einem Gravitations= felde alle Maßverhältnisse, auch die zeitlichen, geändert werden, so

wird auf der Sonne eine Uhr langsamer gehen als auf der Erde.
Nun gibt es auf der Sonne tatsächlich Uhren, nur keine mit schwingen=
den Pendeln oder elastischen Federn, sondern solche mit schwingenden
Körperteilchen, nämlich den Teilchen, von denen die Lichtstrahlen
ausgehen. Eine solche Uhr hat je nach ihrem Gang eine bestimmte
Farbe, eine langsame Uhr sieht für den Beobachter, der sie in der
Ferne wahrnimmt, rot aus, eine schnellgehende blau. Es ergibt sich
also ohne weiteres der Schluß, daß, wenn man von zwei Uhren von
gleicher Beschaffenheit, d. h. von gleichem Material, z. B. Natrium=
dampf, die eine auf der Erde, die andre auf der Sonne aufstellt,
und beide hier auf der Erde beobachtet, man verschiedene Farben
wahrnehmen muß. Allerdings ist der Farbenunterschied so gering,
daß man auf diese Weise nichts merken würde. Aber da gibt es
einen einfachen Apparat, das Spektrometer, der auf der Brechung
des Lichts durch ein Prisma beruht, und zwar auf einer Brechung,
die desto stärker ist, je rascher die Schwingungen sind, die das Licht
liefern. Es muß also in diesem Apparat eine Verschiebung des Strahls,
der von der Sonne herkommt, nach der Seite der geringeren Brechung,
also nach der roten Seite des Spektrums, erfolgen. Diese Rotverschie=
bung ist nun tatsächlich in mehreren Fällen (wenn auch noch nicht
mit endgültiger Sicherheit) beobachtet worden, insbesondere von
Grebe und Bachem in Bonn.

Da haben wir also drei Erscheinungen aus der kosmischen Physik,
aus dem Makrokosmos, die durch unsere Theorie teils zum ersten
Male verständlich gemacht, teils sogar überhaupt erst durch sie pro=
phezeit und dann erst sinnlich entdeckt worden sind. Diesen Tatsachen
stehen nun andre zur Seite, die sich auf den Mikrokosmos, auf die Welt
des Allerkleinsten beziehen. Das Licht der Körper geht von den Atomen
aus; aber diese sind, wie wir schon gehört haben, nach unserer jetzigen
Anschauung gar nicht die Urelemente der Materie, sondern selbst wieder
ganze Welten, ähnlich etwa dem Sonnensystem, nur in unvorstell=
bar verkleinertem Maßstabe; ein Atom besteht aus einem zentralen
Kern und mehr oder weniger zahlreichen, ihn umkreisenden Elek=

tronen; dadurch, daß diese Elektronen aus einer Bahn in eine andre übergehen, kommt das Licht zustande. Nun entspricht, wie wir eben gehört haben, jedem solchen System eine bestimmte Lichtart, eine bestimmte Farbe, genauer eine bestimmte Linie im Spektrum; und diese Spektrallinien hat man sehr genau beobachtet und ausgemessen. Wenn nun die Masse der Elektronen (und das müssen wir nach dem gesagten annehmen) keine konstante, sondern von ihrer jeweiligen Geschwindigkeit abhängig ist, muß auch die Spektrallinie veränderlich sein; oder, wenn alle die verschiedenen Zustände des Atoms gleichzeitig wirken, sie muß eine verwickelte „Struktur" haben. Der Münchener Physiker Sommerfeld hat das des näheren ausgearbeitet, und verschiedene Beobachter haben dann diese Feinstruktur der Spektrallinien wirklich beobachtet, ja, sie haben in einigen Fällen sogar die Gesetzmäßigkeiten dieser Struktur mit den Forderungen der Theorie in Einklang gefunden. Also auch im Mikrokosmos bewährt sich unsere Theorie. Und wenn man es mit Recht schon als eine gewaltige Leistung Newtons ansah, daß er die Bewegungen der Planeten und das Fallen des Apfels zur Erde durch dasselbe Gesetz umspannte, um wieviel wunderbarer ist diese neue Leistung, die von den Fixsternen bis zu den Uratomen einer irdischen Flamme reicht!

## 24

Wir sind am Ziel und werfen nun einen Rückblick auf die ganze durchmessene Strecke. Sie zerfällt in drei Strecken. Der erste Teil stellt die klassische Relativitätstheorie dar; Kopernikus, Galilei, Newton sind die leuchtenden Namen, die uns hier entgegentreten. Diese Strecke endigt in dem Dickicht, durch das wir nicht weiter kommen, ehe wir nicht das Verhältnis der ätherischen Physik zur mechanischen klargestellt haben. Hier sind es zwei Dinge, die entscheidend mitwirken: die Ätherhypothese und die konstante Lichtgeschwindigkeit. Alle Versuche, den Äther als Träger der Erscheinungen zu retten, scheitern; an seine Stelle tritt die Raum=Zeit=Welt, also Raum und Zeit als reelle, objektive, physische Dinge. Durch die Ausdehnung der Betrachtung auf die ätherischen Erscheinungen (so kann man sie auch nach Beseitigung des Äthers getrost noch nennen) wird eine Abänderung des klassischen Relativitätsprinzips erforderlich, und dadurch kommen wir zur modernen Relativitätstheorie, wohlverstanden zur speziellen; denn die Beschränkung auf gleichförmig-gradlinig gegeneinander bewegte Bezugssysteme ist beiden gemeinsam. Ernst Mach, der Physiker und Philosoph, hat dieser neuen Theorie die Wege geebnet, Lorentz hat die ersten entscheidenden Schritte getan, Einstein hat sie begründet und Minkowski hat sie zu einem Weltbilde ausgestaltet. Das Dickicht ist überwunden, aber das Freie ist noch nicht gewonnen. Wir sind erst im Fegefeuer und noch nicht im Paradiese. Von allen Engigkeiten frei, über alles spezielle erhaben werden wir erst, wenn wir die dritte Teilstrecke durchmessen, und das ist die allgemeine Relativitätstheorie. Die ersten Pionierarbeiten auf dieser Strecke haben Gauß und Riemann mit ihrer Flächentheorie geleistet; aber der Begründer der Theorie, auch der allgemeinen, ist Einstein, und der geniale Mathematiker Weyl hat sie formal und erkenntnistheoretisch zu einem wundervollen, aber nur für wenige Sterbliche verständlichen Lehrgebäude ausgebaut.

Der Sinn der drei Theorien aber ist folgender. Nach der klassischen Relativitätstheorie sind Ort, Zeitpunkt und Geschwindigkeit relative Begriffe, d. h. vom Bezugssystem abhängig; Strecke, Zeitstrecke und Beschleunigung dagegen unabhängige, absolute Begriffe. Diese Theorie reicht aus für alle rein mechanischen Erscheinungen. Aber was sind denn rein mechanische Erscheinungen? Sind es z. B. die Bewegungen der Himmelskörper? Darauf lautet die Antwort: nein, für uns nicht; denn, um diese Erscheinungen wahrzunehmen, benutzen wir die von den Himmelskörpern zu uns kommenden Lichtstrahlen, die Erscheinungen sind also zugleich optischen Charakters; und weiter, wir führen sie auf Gravitation zurück, und die Gravitation besteht jetzt nicht mehr für sich, sondern ordnet sich in das große System der mechanisch-elektrisch-magnetischen Vorgänge ein; mechanische und ätherische Physik verschmelzen. Und da reicht nun die klassische Relativitätstheorie nicht mehr aus, sie führt zu direkten Widersprüchen mit der Erfahrung; wir müssen sie radikal umgestalten. Diese Umgestaltung besteht darin, daß nun auch Raumstrecken und Zeitstrecken relativ werden, d. h. eine und dieselbe Raumstrecke oder Zeitstrecke ändert sich je nach dem Standpunkt, von dem wir sie betrachten. Es gibt eine, der Raumperspektive ganz analoge, aber weit allgemeinere Raum-Zeit-Perspektive. Die Idee des Äthers ist nicht mehr haltbar, an seine Stelle tritt das abstrakte Raum-Zeit-Gebilde, die vierdimensionale Welt. Mit dieser modernen, aber immer noch speziellen Relativitätstheorie kommen wir im allgemeinen aus, aber in gewissen Fällen versagt sie; und sie befriedigt auch an sich nicht, weil sie nur gradlinig-gleichförmig gegeneinander bewegte Systeme als gleichwertig ansieht, gegeneinander beschleunigte oder rotierende aber ausschließt. Diese Bevorzugung und Beschränkung hebt die allgemeine Relativitätstheorie auf, sie erklärt alle Systeme für gleichwertig. Das kann sie aber nur, indem sie die Welt mit Kräften ausstattet, diese Kräfte sind teils mechanischer Natur (Gravitation), teils elektromagnetischer Natur (Strahlung), und es ist die Aufgabe der Zukunft, das zu vollenden, was schon begonnen worden ist: beide zu einer Einheit zu verschmelzen. Dann ist die Welt ein einheitliches Feld. Die in der Welt waltenden Kräfte stellen einen Druck, ein Potential dar, und dieses hat zur Folge, daß sich der Raum krümmt, und zwar an denjenigen Stellen am stärksten, wo der Druck am größten ist, also in der Nähe großer Massen oder großer elektromagnetischer Ladungen. Der Träger der Erscheinungen ist, nach Beseitigung des Äthers, ausschließlich die Materie; aber auch diese ist nichts selbständiges mehr, sie löst sich auf in Energie; und ebenso wie Raum und Zeit, so verschmelzen Materie und Energie zu einer höheren Einheit. Die Welt und alles, was in ihr vorkommt, und vorgeht, ist endlich, und somit auch die Geschwindigkeit der Gravitation und der Strahlung; aber diese Geschwindigkeit ist zugleich die größte, die es in der wirklichen Welt überhaupt geben kann.

Soweit das Grundsätzliche. Tatsächlich ist das hiermit neu aufgebaute Weltbild von dem herkömmlichen in den meisten Fällen außerordentlich wenig verschieden, nämlich für alle Vorgänge, die sich mit einer Geschwindigkeit vollziehen, die nur ein kleiner Bruchteil der Lichtgeschwindigkeit ist. In zwei Klassen von Erscheinungen aber wird die Relativitätstheorie aktuell: bei den astronomischen Erscheinungen da draußen und bei den feinsten elektrischen Phänomenen da drinnen im Laboratorium, die von ungeheuer schnell bewegten Elektronen herrühren. Und deshalb ist immer wieder zu betonen: die Relativitätstheorie bedeutet wissenschaftlich einen der größten Fortschritte aller Zeiten, aber in die Erscheinungen des täglichen Lebens und selbst in die große Masse der von der Wissenschaft behandelten Naturerscheinungen greift sie nicht im mindesten ein; und wen diese Seite der Frage bedrückte, mag ruhig schlafen. Was eine zukünftige Einwirkung auf die Technik betrifft, tut man, um sich nicht zu blamieren, gut, sich vorsichtig auszudrücken; aber soviel kann man sagen: zurzeit ist kein noch so schmaler Steg erkennbar, der von der Theorie zur Technik herüberführt, selbst nicht an der Stelle, wo die Masse in Energie aufgelöst wird.

Und zum Schluß nochmals die Beziehung zur Philosophie. Daß unsere Theorie von der Philosophie beachtet werden muß, leuchtet ein; und sie ist nicht nur beachtet, sondern sogar bis zu einem gewissen Grade, wenn auch mehr oder weniger verschwommen, und ohne Erkenntnis der entscheidenden Punkte, vorgeahnt worden; nicht nur Ernst Mach ist hier nochmals zu nennen, auch in den Schriften des großen Kant gibt es Stellen, die als relativistisch gedeutet werden können; und das ist um so bedeutsamer, als doch im übrigen die Kantische Raum-Zeit-Lehre unserer Theorie diametral gegenüber steht. Trotz alledem wird aller Voraussicht nach auch die Relativitätstheorie, unbeschadet ihrer ungeheuer eindrucksvollen Gewalt, es nicht fertig bringen, die Brücke zwischen Physik und Philosophie zu schlagen. Der Philosoph wird, und in gewissem Sinne nicht ohne Berechtigung, neben oder jenseits der Einstein-Minkowskischen Welt die philosophische Welt als zu Recht bestehend gelten lassen, und in ihr nach

die vor Raum und Zeit als absolute Grundbegriffe festhalten. Festhalten? Nun, das ist eben nicht der richtige Ausdruck; denn die philosophischen Begriffe sind ja nicht fest, sondern schwankend, und man
kann beinahe sagen, daß jeder philosophische Denker sie anders faßt.
Demgegenüber stellt die Relativitätstheorie ein in sich festgegrün-
detes Weltbild auf, an dem nicht zu deuteln und nicht zu rütteln ist.

Seit Jahrtausenden schwebt der Menschheit die Gefahr eines
Zusammenstoßes der Erde mit einem andern Weltkörper vor, bei
dem die Erde vielleicht zugrunde gehen würde; aber diese Gefahr
ist über alles minimal, der Weltraum ist so ungeheuer, daß alle in
ihm sich bewegenden Körper Gelegenheit haben, nebeneinander
herzugehen. Nicht minder weiträumig aber ist die Welt der menschlichen Geistesbetätigung; und so werden auch in Zukunft Physik
und Philosophie voraussichtlich immer windschief aneinander vor-
beigehen, zur Enttäuschung derer, die gern erleben möchten, was
sich bei einem wirklichen Zusammenstoß ereignen würde, was dann
den größeren Schaden erleiden würde: die Physik oder die Philosophie.

Lassen wir diese Zukunftsfragen beiseite und freuen wir uns
als Naturforscher und Naturfreunde des großen erzielten Fortschritts!

> „Und dies geheimnisvolle Buch
> Von Nostradamus eigner Hand,
> Ist es dir nicht Geleit genug?
> Erkennest dann der Sterne Lauf,
> Und wenn Natur dich unterweist,
> Dann geht die Seelenkraft dir auf,
> Wie spricht ein Geist zum andern Geist.“

Und nun erblicken wir die Zeichen des Makrokosmos und des
Mikrokosmos und rufen mit Faust:

> „Ha! welche Wonne fließt in diesem Blick
> Auf einmal mir durch alle meine Sinnen!

9*

Ich fühle junges, heil'ges Lebensglück
Neuglühend mir durch Nerv' und Adern rinnen.
War es ein Gott, der diese Zeichen schrieb,
Die mir das innre Toben stillen,
Das arme Herz mit Freude füllen
Und mit geheimnisvollem Trieb
Die Kräfte der Natur rings um mich her enthüllen?

Wie alles sich zum Ganzen webt!
Eins in dem andern wirkt und lebt!
Wie Himmelskräfte auf und nieder steigen
Und sich die goldnen Eimer reichen!
Mit segenduftenden Schwingen
Vom Himmel durch die Erde dringen,
Harmonisch all das All durchdringen!"

# Inhaltsverzeichnis.

.